U0149842

食品科技译丛

食品化学导论

Introduction to Food Chemistry

〔澳〕瓦西里·康特拉戈格斯 著

赵 欣 易若琨 译

中国纺织出版社有限公司

原文书名：Introduction to Food Chemistry

原作者名：Vassilis Kontogiorgos

First published in English under the title

Introduction to Food Chemistry

by Vassilis Kontogiorgos，edition：1

Copyright © Vassilis Kontogiorgos

under exclusive license to Springer Nature Switzerland AG, 2021

This edition has been translated and published under licence from

Springer Nature Switzerland AG.

Springer Nature Switzerland AG takes no responsibility and shall

not be made liable for the accuracy of the translation.

著作权合同登记号：图字：01-2023-4248

图书在版编目（CIP）数据

食品化学导论／（澳）瓦西里·康特拉戈格斯著；

赵欣，易若琨译 . -- 北京：中国纺织出版社有限公司，

2023.8

（食品科技译丛）

书名原文：Introduction to Food Chemistry

ISBN 978-7-5229-0782-6

Ⅰ.①食… Ⅱ.①瓦… ②赵… ③易… Ⅲ.①食品化

学-研究 Ⅳ.①TS201.2

中国国家版本馆 CIP 数据核字（2023）第 138168 号

责任编辑：闫 婷 责任校对：寇晨晨 责任印制：王艳丽

中国纺织出版社有限公司出版发行

地址：北京市朝阳区百子湾东里 A407 号楼 邮政编码：100124

销售电话：010—67004422 传真：010—87155801

http：//www.c-textilep.com

中国纺织出版社天猫旗舰店

官方微博 http：//weibo.com/2119887771

北京华联印刷有限公司印刷 各地新华书店经销

2023 年 8 月第 1 版第 1 次印刷

开本：710×1000 1/16 印张：11.75

字数：215 千字 定价：168.00 元

凡购本书，如有缺页、倒页、脱页，由本社图书营销中心调换

关于本书

食品化学的复杂性使其成为学习食品科学课程的学生的一门挑战性科目。虽然市面上有很多相关书籍，但是它们有些是百科全书式的，有些并非专门针对食品科学专业的学生编写。这使学生很难判断其重难点内容，以及知识点需要掌握到什么程度，而且很难找到食品化学这门学科与其实际应用之间的联系。

本书填补了这一专业领域的空白。在教材编写过程中，本书采用了最新的教学理论，专门针对食品科学专业的学生介绍食品化学这门学科，并将化学与食品加工、食品品质和食品保质期紧密联系在一起。

对于学生而言，书中各章节都设立明确的学习目标，且相对独立，学生无须额外搜索基础信息。为了便于学习使用，书中包含三维图形、带有彩色标记的图形以及与文本描述对应的图形注释，便于传递教学信息和元素。

对于教师而言，为了支持教学，本书将教学重点放在与工业应用和现代研究相关的食品化学的关键方面。本书也能很好地辅助教师准备学生考试、布置作业及其他类型的评估或学习活动。

若要深入理解本书，需具备一定的知识储备，如普通化学和普通有机化学的相关知识，否则将难以理解本书中出现的一些概念。

本书共分为八章，内容涉及食品中主要成分的物质结构、化学性质和功能特性。各章节分别介绍和探讨了食品物理化学（如玻璃化和凝胶化）和食品分析的基本概念。在每章节末尾均设置有相应的课后练习帮助复习重要的概念。某些习题可能需要借助互联网解决，也可能会出现更先进的概念，学生可以根据自己的节奏安排学习。部分习题的答案在附录中给出。本书引用的其他与食品化学相关的书籍和文章在参考书目中列出。所有参考文献都是在 2000 年之后出版或发表的，且绝大多数是在 2010 年之后。现在，让我们从水开始，看看为什么水对食品的稳定性如此重要。

澳大利亚布里斯班

昆士兰大学 圣卢西亚校区

农业和食品科学学院

瓦西里·康特拉戈格斯

目　　录

第1章 水

📖 学习目标

- 描述水分子的组成结构
- 描述氢键及其对食品的重要性
- 描述水分子与食品成分之间的相互作用
- 讨论依数性及其在食品加工中的重要性
- 讨论水分活度对食品稳定性的重要性
- 根据水分活度值对食品在化学、物理和微生物方面的稳定性进行评估

1.1 概述

水是食品的重要组成成分，不同食品，其水分含量不同。有些食品的含水量很高，例如，在果蔬、肉制品等食品中，水分占 70%~95%。而有些食品的含水量很低，只有 10%~20%。因为许多化学反应和酶促反应需要在水介质中进行，所以水通常作为溶剂或扩散剂使用。水还是有益微生物（如乳酸菌）和腐败微生物（如假单胞菌）赖以生存的物质基础。在食品加工过程中，配方中的水分含量非常重要，因为水分活度对食品的品质和保质期影响较大。例如，烘焙食品中水分含量上的微小偏差，可能会影响食品口感并最终导致退货。此外，还可能会涉及经济层面的问题，例如，水会增加食品的重量，造成运输成本的上升。但是，无论怎样进行制作加工，食品中总会含有一定量的水分，不可能完全去除。例如，威化饼或薯片属于特别干燥的食品，但仍含有约 5% 的水分。因此，控制食品加工中水分的添加量非常重要。这就需要先了解水分子的组成结构、化学性质和物理性质。尤其需要了解水分子与食品中其他成分之间相互作用的机制，因为这是食品保持稳定的最根本原因。本章主要介绍水的基本知识，帮助读者全面地了解水在食品中的功能。

1.2 水与冰的结构

两个氢原子和一个氧原子以共价键结合，形成一个水分子。氢原子由一个质子和一个围绕原子核旋转的电子组成。氧原子的原子核有 8 个带正电的质子。因为氧

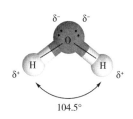

图 1-1　水分子结构及水分子中的部分电荷

两个氢原子夹角约为 104.5°。δ 表示带部分电荷

原子的电负性大于氢原子，在形成共价键时，电子会向氧原子偏离，使氧原子带部分负电荷（δ⁻），氢原子带部分正电荷（δ⁺），如图 1-1 所示。极性分子是指电荷分布不均的分子，水分子属于极性分子。由于水分子的极性，液相中的水分子能通过短暂的（也称为瞬态的）氢键相互作用产生一系列特殊的物理性质。

　　当温度降到 0℃ 以下时，水分子呈六边形规则排列，这种结构被称为六边形冰，即食品中冰存在的形式（图 1-2）。这样的分子排布形成一种开放结构，即冰的结构中存在较大的空隙，所以冰的密度比水小，会浮在水面上，如可乐中的冰块。冷冻过程中水结晶成冰，体积发生膨胀，会破坏食品组织结构。在大多数情况下，破裂的细胞在解冻后不能恢复原状，这也是食品在冷冻后品质下降的主要原因。

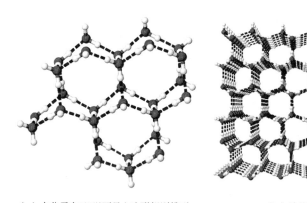

（a）水分子在0℃以下呈六边形规则排列　　　　　（b）冰块的结构

图 1-2　六边形冰

虚线表示水分子之间的氢键

1.3　水的氢键

　　氢键是一种特殊的范德华力。它是指已经与一个分子中电负性大的原子（如 O、F、N）形成共价键的氢原子与另一个分子中电负性大的原子之间的作用力

（图1-3）。氢键既可以发生在不同分子之间，也可以发生在同一分子内。例如，蛋白质分子或多糖分子中均存在以上两种氢键，它们影响着食品的结构和性质。氢键的键能比共价键弱，但比范德华力稍强。

氢键

图1-3 水的氢键

虚线表示水分子之间的氢键

由于氢键的作用，与分子量相近或结构相似的分子相比，水分子具有特殊的物理或化学特性。这些特性对食品加工产生了很大的影响（表1-1）。例如，水的沸点高达100℃，蒸发或干燥过程需要消耗大量热能。水结冰后体积增大，可能会导致食品组织结构出现损伤，这是影响冷冻水产品品质的重要因素之一。

表1-1 水的特性与食品加工操作的关系

特性	加工方法
高熔点	冰冻
高沸点	蒸发脱水
高临界点	超临界流体萃取
极低温度下，水以液态形式存在	冰冻
水凝固成冰，体积变大	冰冻
水由液态变为气态，体积变大	蒸汽蒸发
高比热容（冰的两倍）	加热、冷却
高汽化热	蒸发
高升华热	冷冻干燥

1.4 水与食品成分的相互作用

水能够通过各种方式与食品中的物质成分相互作用，主要包括偶极-离子相互作用、偶极-偶极相互作用和疏水作用。这些相互作用的力度和强度取决于非水组分的化学性质，如盐的浓度、pH值或温度。离子间相互作用的典型例子是水分子与 NaCl 的电离反应。水分子在离子周围发生定向排列，部分地中和离子的电荷，阻止水溶液中的正、负离子间的再结合（图1-4）。

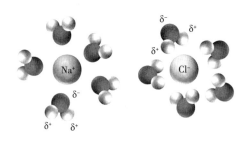

图 1-4 水分子与 NaCl 的离子相互作用

水分子破坏离子键，电离出 Na^+ 和 Cl^-。Na^+ 和 Cl^- 分离后，周围被水分子包围。

水分子中的 δ^+ 吸引 Cl^-，δ^- 吸引 Na^+

水-离子相互作用的强度大于水-水氢键的强度。由前文可知，水是一种高度结构化液体，具有非常复杂的氢键网络。然而，一些离子具有净结构形成效应，如 Li^+、Na^+、Ca^{2+} 等，这些离子大多具有电场强度大、离子半径小的特点，它们会破坏水分子的结构，将水分子吸引到离子周围重新排列形成水化膜。因此，这类离子水溶液的堆积密度比纯水高，流动性低。相反，一些离子具有净结构破坏效应，如 K^+、Cl^-、I^- 等，这些离子大多具有电场强度较弱、离子半径大的特点，它们会与水分子形成作用力，使水分子的结合更加松散。因此，这类离子水溶液的堆积密度比纯水低，流动性高。虽然这仅仅是一个很小的科学细节，但是它对食品的生产和稳定性会产生重要的影响，因为离子和水分子的相互作用方式与影响蛋白质变性的能力有关［详见3.3.3章节霍夫梅斯特序列（Hofmeister）］。偶极-偶极相互作用指食品中水分子与非离子、亲水性溶质之间的相互作用。例如，含羟基（如单糖）、氨基（如蛋白质）或羰基（如风味物质）等基团的分子可能与水分子形成氢键（图1-5）。疏水作用是指水相环境中，疏水分子之间的相互作用。含有疏水基团的分子在水相环境中，具有避开水而相互聚集的倾向（图1-6）。疏水作用在蛋白质、脂类和表面活性剂中起着至关重要的作用，也与食品加工过程中凝胶的形成息息相关，例如，甲基纤维素或蛋白质的热凝胶化（如煮鸡蛋）。疏水作用力比其他弱分子间的作用力（即范德华相互作用或氢键）强。随着温度升高，疏水作用变强，而氢键变弱。

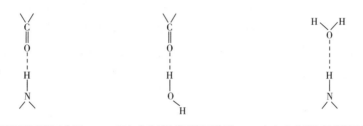

（a）氨基和羧基相互作用　　（b）水分子和羧基相互作用　　（c）水分子和氨基相互作用

图 1-5　偶极-偶极相互作用

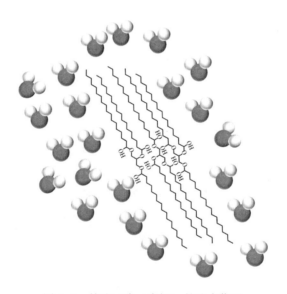

图 1-6　甘油三酯（中间）的疏水作用
甘油三酯彼此靠近、聚集以避开水分子

1.5　依数性

依数性指溶液的某些性质与溶质分子本身的化学性质无关，而只与单位体积溶液中溶质分子的数量有关。依数性包括由于溶解在水中的小分子的存在而引起的蒸汽压下降、沸点升高、冰点下降和渗透压等，它可能影响食品生产工艺（如冷冻或蒸发）或用于物质测定分析（如使用冰点测定法检测牛奶是否掺假）。食品配方中通常会添加糖类物质（如葡萄糖或蔗糖）和盐类物质（如 NaCl 或 $CaCl_2$），这些物质会影响食品加工工艺。例如，在浓缩果汁的过程中，糖液浓度随着水分不断蒸发而逐渐增高，导致剩余浓缩果汁的沸点升高，需进一步加热保持蒸发过程。又如，冷冻冰激凌混合物中糖溶液的浓度会随冷冻浓缩程度的增加而增加，而其相应的熔点降低。因此，若要保持冰激凌结构的形式，需进一步降低温度。以上两个例子也可外延到其他需要进行高温或低温处理的食品。总之，由于溶质分子的浓度影响能量消耗，因此它决定了食品的加工成本和市场价格。所以必须充分理解溶液的依数性及其对食品加工的影响。

上述事件的根本原因是溶质–水的相互作用导致蒸汽压降低。如果溶质是难挥发物质，会导致溶液表面逸出的水分子数减少。因此，溶质浓度越高，溶液的蒸气压就越低。拉乌尔定律（Raoult's law）描述了溶液蒸气压与其浓度的关系。它指出蒸气压下降与溶液粒子数成正比。溶液的蒸气压一定小于纯水的饱和蒸气压。溶液的冰点下降（$\Delta T_f = K_f m$）和沸点上升（$\Delta T_b = K_b m$）与溶液的质量摩尔浓度（m）成正比［质量摩尔浓度（m）指溶液中某溶质的物质的量（moles，摩尔）除以溶剂的质量（kg），$m = 摩尔_{溶质}/质量_{溶剂}$］，其中 K_f、K_b 分别为冰点测定常数和沸点测定常数。渗透是指水分子通过半透膜，从浓度低的溶液（低渗溶液）向浓度高的溶液（高渗溶液）扩散的现象［见图 1-7（a）］。在渗透这个物理过程中，两种浓度不同的溶液用半透膜隔开（允许水分子通过，不允许溶质分子通过），水分子在没有外部能量输入的情况下通过半透膜（正渗透）。渗透作用在动植物细胞中发挥着必不可少的作用，因为它控制着细胞质与周围细胞层之间的水分子运动。渗透压（Ⅱ）是能阻止渗透发生的施加于高渗溶液的压力［见图 1-7（b）］。如果两种溶液

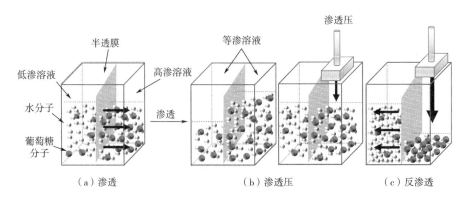

（a）渗透　　　　　　　　　（b）渗透压　　　　　　　　　（c）反渗透

图 1-7　渗秀、渗透压和反渗透

的浓度相同，则称两者为等渗溶液。假设施加的压力超过了防止渗透所需的压力，此时水分子会逆向流动，即从浓度高的溶液流向浓度低的溶液（反渗透）。正渗透原理可应用于某些水果的渗透脱水中，而反渗透可作为一项膜分离技术，可应用于海水淡化处理（即除掉海水中的 NaCl 等盐类）。此外，对于需要添加糖浆或卤水的食品，需要将糖或盐的浓度控制在合理水平，避免出现渗透脱水，影响食品品质。

1.6　水分活度

含水量或水分含量是指食品中水分的含量（g H_2O/100g 食物）。许多人会根据含水量判断食品的保质期。但是，水分含量相同的不同类型食品，其保质期可能不同。例如，含水量同约为33%（质量分数）的果酱和面包的保质期区别很大。面包在数小时内便会失去物理稳定性，一周内失去微生物稳定性。而果酱在加工后，可以稳定地保存数年。因此，水分含量不是微生物生长、化学反应或食品结构稳定性的可靠预测依据。水分活度（以下简称 A_w，无量纲数，范围从 0 到 1）是反映水分子与各种非水成分缔合的强度，等于食品在密封容器内的水蒸气压（p）与在相同温度下的纯水蒸气压（p_o）之比。

$$A_w(T) = p/p_o$$

如图 1-8 所示，将水置于密封的容器中，无蒸汽逸出。在温度 T 下，达到动态平衡，蒸发的水分子数量（液体变气体）与冷凝的水分子数量（气体变液体）相同 [图 1-8（a）]。当达到平衡状态时，作用于容器的蒸汽压 p_o 和 A_w 等于 1。溶质中的物质，如 NaCl [绿色球体，图 1-8（b）]，会产生压力 p 抑制水分子的蒸发，让较少的液态水分子变为气态水。因此，压力 p 总是小于 p_o，$A_w<1$。在食品中，也存在同样的原理，但逸出的气态水分子的数量由液态水分子与食品成分之间的相互作用决定 [图 1-8（c）]。这些相互作用根据食品的化学成分确定。通常情况下，消费者很难察觉食品配方中的微小变化，但正是这微小的变化改变了水分子之间相互作用的强度，让食品的保质期延长。

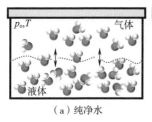

（a）纯净水　　　　　　　（b）水溶液　　　　　　　（c）食物

图 1-8　动态平衡示意图

将 A_w 作为微生物稳定性、化学稳定性和物理稳定性的测定指标，可以将食品分为三类：干食品 $A_w<0.5$，半干食品 $0.5<A_w<0.8$，及湿食品 $A_w>0.8$。不同类别的食品，其储存要求各有不同。尽管如此，仍可将其归纳为：干食品不需要冷藏，但在食用前需加水（如意大利面）；半干食品可以在不冷藏的情况下长时间储存，食用前可以不用加水（如意大利腊肠）；湿食品则需冷藏，食用前不需加水（如酸奶）。

水分含量和水分活度的测定

干燥法（如烘箱）常用于测定湿食品的水分含量，即将样品加热干燥，排除其中水分，再通过干燥前后的称量数值计算出水分的含量。卡尔·费休滴定法常用于测定干食品的水分含量，例如干果、蔬菜、糖果、巧克力、咖啡和含高脂肪、高糖或高蛋白质的其他干食品。这种方法利用碘和二氧化硫（SO_2）在水、咪唑（催化剂）和甲醇（溶剂）的环境下发生反应。甲醇与二氧化硫和碱反应生成中间的烷基亚硫酸盐，然后被碘氧化成烷基硫酸盐。在这个氧化反应中，水和碘以 1:1 消耗。当所有的水反应消耗完后，用滴定法检测过量的碘，然后根据滴定过程中消耗的碘计算出被测物质中水的含量。

$$ROH + SO_2 + R'N \rightarrow [R'NH] SO_3R + H_2O + I_2 + 2R'N \rightarrow 2 [R'NH] I + [R'NH] SO_4R$$
［甲醇］　　　［盐基］［烷基亚硫酸盐］　　　　　　　［碘］　　　　　　　［氢碘酸盐］　［烷基硫酸盐］

水分活度也可通过专门的仪器进行测定。其工作原理是在保持恒温的条件下，使样品与周围空气的蒸汽压达到平衡，这时可以以气体空间的水蒸气压作为样品蒸汽压的数值。

食品的水分含量与其水分活度形成的曲线称为等温吸湿曲线（MSI），该曲线表示在一定温度下，食品增加水分（吸湿）或去除水分（干燥）时，水分活度的变化情况。食品工程师可以根据该曲线设计食品的脱水处理方法。下面将从不同的角度进行探讨。吸湿性食品指容易吸水的食品。对于这些食物，水分含量微小的变化会引起水分活度巨大的变化。相反地，对于非吸湿性食品，即使吸收了大量水分，其水分活度变化很小。绝大多数食品处于这两种极端食品之间，它们的等温吸湿曲线呈 S 形。不同食品，其等温吸湿曲线的形状不同。下图中［图 1-9（a）］，根据水分子的不同物理性质划分了三个区域。

在区域 1 中或低湿状态下，水分子流动性（即水分子移动和扩散的能力）最弱，其对应的干食品的保质期最长。这个区域的水分子与食品成分直接接触，发生强烈的相互作用。它们会形成一个单分子层，与自由水的性质完全不同

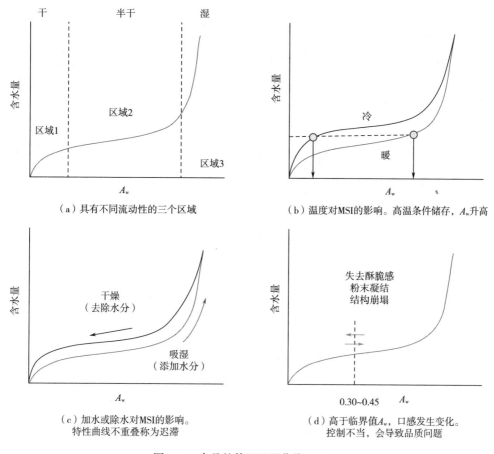

（a）具有不同流动性的三个区域

（b）温度对MSI的影响。高温条件储存，A_w升高

（c）加水或除水对MSI的影响。
特性曲线不重叠称为迟滞

（d）高于临界值A_w，口感发生变化。
控制不当，会导致品质问题

图 1-9　食品的等温吸湿曲线（MSI）

（图 1-10）。这个区域（区域 1）的水分子被称为结合水，但是应该尽量少使用"结合水"（bound water）这个词，因为从热力学角度看，这个词是不正确的，可能会产生误解。对于区域 1 的水分子，脱水干制不易去除，而且工业化冷冻（-40℃）也不能使其结冰。此外，这个区域的水分子不能作为溶剂，不支持化学反应，也不能被微生物所用。即使是最干燥的食物，例如意大利面、薯片或粉状食品，其含水量也为 5% ~ 10%（质量分数）。-18℃保存的冷冻食品内含有大量的液态水。区域 2 中，增加的水层占据第一层水层的顶部形成多层水，流动性比自由水稍差（图 1-10）。多层水不像区域 1 中的"结合水"那样不易去除或冻结。干果、硬奶酪或腌肉制品等，都是典型的含有多层水的半干食品。区域 3 中的水分子流动性最强，其物理性质与自由水的物理性质基本一致（图 1-10），因此可以作为溶剂，会影响化学反应的速度和微生物生长，也会影响食品整体结构的稳定性和品质。

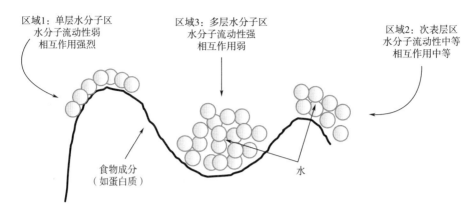

区域1：单层水分子区
水分子流动性弱
相互作用强烈

区域3：多层水分子区
水分子流动性强
相互作用弱

区域2：次表层区
水分子流动性中等
相互作用中等

食物成分
（如蛋白质）

水

图1-10 MSI不同区域对应的水分子层区 ［图1-9（a）］

　　需要注意的是，温度是影响水分活度A_w大小的因素。在相同水分含量下，A_w会随着温度的升高而变大，因为水分子的流动性越强，食品的稳定性越弱 ［图1-9（b）］。因此，在储存干食品期间，温度应该始终保持不变，以避免食品可能发生的化学、物理和微生物变化。向干燥的食品中添加水分（吸湿）产生的等温吸湿曲线与其去除水分（干燥）产生的等温吸湿曲线不完全重合。这种不重合的现象称为滞后现象，是由于食品在干燥过程中，食品结构发生了永久性变化。它可能会影响食品在食用时的口感和食品复水的结果 ［图1-9（c）］。当A_w超过某个临界值时，食品通常会失去其结构稳定性。例如，当A_w超过临界值时（通常为0.30），烘焙食品的脆性或粉末的附着力会受到破坏 ［图1-9（d）、表1-2］。

表1-2　发生化学、物理或微生物变化时的近似临界值A_w

临界值 A_w	变化
0.2~0.3	油脂氧化速度加快
0.2~0.3	需要水参与的反应不会发生
0.35~0.4	粉体结块
0.4~0.5	吸收水分后，失去酥脆感
0.5	水分流失，开始变硬
0.6	微生物开始生长
0.85	病原体开始生长

玻璃化转变

固体有结晶和无定形两种状态。晶体结构高度有序，内部分子以特定的位置在空间有规则排列。在非晶态材料中，内部分子处于完全无序状态，即内部分子在空间位置上排列无序，也就是说，它们的相对位置是随机的。例如，蔗糖可以以晶体和无定形结构两种形式存在。市场上购买的蔗糖其颗粒为结晶状，每个分子都有固定的位置。如果加少量水（或进行融化），蔗糖会溶解形成一种高浓度的糖浆。如果将这种浓糖浆冷却，会得到硬糖。虽然这种硬糖具有相同的糖分子，但它们属于无定形状态，而不是结晶状态，因为此时蔗糖分子在糖中的排列是随机无序的。

晶体态蔗糖　　　　玻璃态蔗糖

从糖浆向非晶态硬糖的转变称为玻璃化转变。反过来，加热非晶态硬糖，变回高浓度糖浆，这也属于玻璃化转变。非晶态材料也称玻璃态材料。玻璃化转变是非晶态、无定形态固体食品最重要的物理化学特性之一，因为它会影响食品的功能性和稳定性。

除了单糖类，许多食品的主要成分在一定条件下都是非晶态的，包括蛋白质和多糖类物质。对于含水量较低的食品，例如早餐麦片、冷冻食品、烘焙和糖果食品、粉状食品或挤压食品，玻璃化转变非常重要，而对于含水量较高的食品，不是非常重要。水分含量微小的变化（如从大气中吸收），虽然不会对人类健康造成危害，但是会对食品的品质产生极大影响。例如，根据吸湿特性软化薄饼和黏附粉末颗粒。当薄饼软化时，也经历了玻璃化转变，这一软化过程即为塑化，而水是最常见的增塑剂，会导致不受欢迎的软化。水通常被视为一种"润滑剂"，它能够润滑分子，促进分子之间的运动。脂类不会发生玻璃化转变。

多组分食品中的水分转移会影响其物理稳定性。食品高水分区（图1-11的食品成分A）的水分会不断向低水分区（图1-11的食品成分B）转移，直至食品体系内建立起热力学平衡（图1-11）。减缓或完全阻止这一过程的方法是在食品成分间增加可食用隔水层，对不同水分含量的区域进行物理隔离（例如，在冰激凌筒内部增加一层巧克力，减少储存期间水分的迁移，确保口感保持不变），或平衡各食品成分的 A_w（例如，早餐麦片中添加葡萄干和冻干果）。

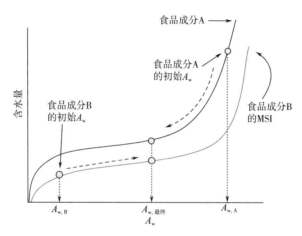

图1-11　多成分食品的等温吸湿曲线

图1-12显示了 A_w 与食品化学、物理和微生物变化的反应速率之间的关系。从这张图可得出以下结论：①微生物生长、酶活性和水解反应的速率随着 A_w 的减少而缓慢降低；② A_w 达到0.7时，美拉德反应达到峰值；③ $A_w < 0.3$ 时（即脱水食品），

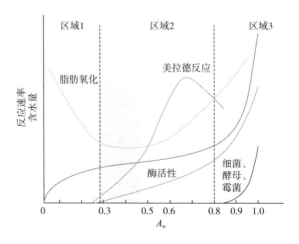

图1-12　食品中化学、物理和微生物变化的反应速率与 A_w 之间的关系

脂肪氧化有较高反应；④A_w在 0.3~0.5 之间时，食品的酥脆感、粉末黏性消失，食品结构遭受破坏。虽然不同食品，其化学、物理和微生物变化的反应速率与 A_w 之间的关系不完全相同，但图 1-12 仍具有指导意义，非常实用。

1.7　课后练习

1.7.1　选择题

1. 食物中的水分很重要，因为：
（a）它是扩散和反应的溶剂和介质
（b）它是微生物生长的基质
（c）它会影响储存稳定性
（d）以上都是

2. 水是极性分子，主要因为：
（a）氧原子的电正性
（b）氢原子的电负性
（c）氧原子的电负性
（d）氢原子的电正性

3. 冰晶的结构为：
（a）正方形
（b）平行四边形
（c）三角形
（d）六边形

4. 氢键形成于：
（a）水和带正电原子和氢原子的分子
（b）水和带负电原子和氢原子的分子
（c）水和含氮的分子（如蛋白质）
（d）水和蛋白质与多糖中的原子

5. 氢键：
（a）总是相互吸引的静电力
（b）总是相互排斥的静电力
（c）在水分子间相互吸引，在蛋白质中相互排斥
（d）在水分子间相互排斥，在蛋白质中相互吸引

6. 以下键能排序正确的是：

（a）（较强）共价键>范德华力>氢键（较弱）

（b）（较强）共价键>氢键>范德华力（较弱）

（c）（较强）氢键>范德华力>共价键（较弱）

（d）（较强）范德华力>氢键>共价键（较弱）

7. 溶液的依数性包括：

（a）沸点升高、冰点升高和水分活度降低

（b）沸点降低、冰点升高和渗透压

（c）沸点升高、冰点降低和渗透压

（d）沸点降低、冰点升高和水分活度升高

8. 依数性的重要性在于：

（a）糖和盐的含量会影响加工工艺

（b）控制沸点可以延长保质期

（c）尽可能防止细菌污染食品

（d）控制水分活度，特别针对湿食品

9. 食品的水分活度和含水量：

（a）总是相同

（b）总是不同

（c）不能比较，因为它们性质不同

（d）只在干食品中不同

10. 干燥食品的水分活度为：

（a）$A_w < 0.3$

（b）$0.3 < A_w < 0.5$

（c）$0.5 < A_w < 0.9$

（d）$A_w > 0.9$

1.7.2 简答题-深入阅读

1. 讨论在氢键作用下，水具有的一系列特殊物理性质及其与食品加工的关系。

2. 讨论水与食品成分之间的相互作用，并举例说明每种相互作用及其在食品加工中的重要性。

3. 描述说明渗透和渗透压的定义。请用图作答。

4. 描述说明在恒温的封闭容器中，食品水溶液上方的水蒸气和液态水之间的动态平衡。

5. 画一条等温吸湿曲线，并将其分为三个区域。讨论各区域中水的类型以及各区域中的水与食品成分相互作用的强度。

6. 苹果派由三种成分组成：面饼、果酱和苹果片。由于各成分 A_w 的差异，最初配方导致食品水分较多，保质期较短。讨论在不同水分活度下，多成分食品中的水分是如何转移的。可以采取什么措施减少水分转移，延长食品的保质期？

7. 在线阅读（深层次）：在线搜索克劳修斯-克拉佩龙方程，并讨论其与水分活度的关系。

8. 深层次：使用玻璃化转变的概念描述脱脂奶粉的稳定性：① 在恒定温度下，湿度增加；②在恒定湿度环境下，温度升高。

9. 讨论玻璃化转变在食品加工中的应用。

10. 在线阅读：在线搜索"一级相变"和"二级相变"。找出两者的区别，并分别给出两个例子。

11. 延伸阅读（深层次）：阅读综述文章 *Glass Transition Temperature and Its Relevance in Food Processing*（《玻璃化转变温度及其在食品加工中的应用》）（2010）；作者：Roos，Y. H.；期刊：*Annual Review of Food Science and Technology*（《食品科技年度评论》）1（1），469–496 页。

- 什么是 α 弛豫和 β 弛豫？
- 玻璃化转变理论主要包括哪些？
- 如何测量玻璃化转变？
- 什么是"状态图"？
- 在食品加工过程中，玻璃态是如何形成的（《食品科技年度评论》481 页图 7）？

1.7.3　填空题

1. 分子电荷分离的程度称为＿＿＿＿＿＿，它使水成为＿＿＿＿＿＿分子。

2. 因为＿＿＿＿＿＿，水具有影响食品加工的特性。

3. ＿＿＿＿＿＿作用是指水相环境中，疏水分子之间的相互作用。

4. ＿＿＿＿＿＿是水分子通过半透膜向溶液扩散的现象。

5. 水分活度是反映水与各种非水成分缔合的＿＿＿＿＿＿。

6. 对于半干食品，A_w 介于＿＿＿＿＿＿和＿＿＿＿＿＿之间。

7. 在区域 1 中，水分子＿＿＿＿＿＿最弱，其对应的干食品的保质期＿＿＿＿＿＿。

8. 在相同水分含量下，A_w 会随着温度的升高而＿＿＿＿＿＿。

9. 加热非晶态硬糖，变回高浓度糖浆，属于＿＿＿＿＿＿。

10. 薄饼软化的过程称为＿＿＿＿＿＿，水是最常见的食品＿＿＿＿＿＿。

第 2 章　糖类

📖 学习目标

- 描述单糖的组成结构
- 讨论与单糖相关的反应
- 区分多糖中不同类型的糖苷键
- 说明淀粉在加工过程中的变化
- 根据化学结构区分食物中的多糖类物质
- 讨论多糖的功能

2.1　概述

糖类是生物体的重要结构物质，例如植物中的纤维素或节肢动物中的壳多糖。糖类是动、植物通过氧化作用获得所需能量的重要来源。从食品用途上看，糖类通常被用作甜味剂、稳定剂、凝胶剂，或应用于食品配方中保持水分。从化学结构上看，糖类物质是含多羟基的醛类或多羟基酮类化合物，可分为三类。单糖是糖类的最简单形式，是构成其他糖类分子的基础单位。单糖可以相互连接形成更大的分子，例如，双糖由两个单糖分子缩合而成，低聚糖由 3~20 个单糖分子构成。多糖由至少 20 个（多数情况超过 200 个）单糖分子组成，其性质与其他两类糖明显不同。本章节将介绍与食品相关的糖类物质的化学结构，以及它们与食品中其他分子之间的相互作用及其对食品稳定性和品质的影响。

2.2　单糖的结构

单糖中含有酮或醛官能团。根据含有的官能团，单糖可分为醛糖类（如葡萄糖）和酮糖类（如果糖）。果糖是唯一一种与食品化学相关的酮糖，下文会详细介绍。单糖分子结构中通常含有 3~6 个甚至更多的碳原子，而与食品加工相关的单糖含有 5 个（如阿拉伯糖或木糖）或 6 个（如葡萄糖或果糖）碳原子。碳原子数少于 5 个或多于 6 个的单糖基本与食品化学无关。在食品科学领域中，六种最常见的单糖为葡萄糖、甘露糖、半乳糖、阿拉伯糖、木糖和果糖。文中也会对一些特殊应用的单糖（如赤藓糖或核糖）或多糖（如古洛糖或鼠李糖）结构进行说明。首先，需要了解的是单糖分子上碳原子的编号是从羰基一端开始的（图2-1）。如果对此不了解，会很难理解单糖类化合物的化学反应、与多糖的连接方式以及其他特性。

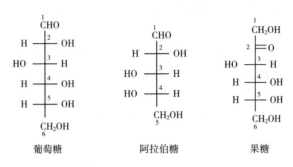

图 2-1　葡萄糖、阿拉伯糖（醛糖）和果糖（酮糖）

碳原子的编号从羰基一端开始

由于结构复杂，单糖中存在几组同分异构体（图2-2）。具体来说，单糖分子的结构为立体异构体，即原子连接顺序相同，空间分布（即3D排列）不同。立体异构体分为对映异构体和非对映异构体两种。对映异构体指呈镜像而不可重叠的立体异构体；非对映异构体指非镜像关系的立体异构体。非对映异构体又分为差向异构体和端基异构体。差向异构体中只有一个手性碳原子的构型不同（—OH基团），其余的构型都相同。端基异构体是在糖以氧环式存在时，构型不同的手性碳原子处在链末端（详见下面的说明）。

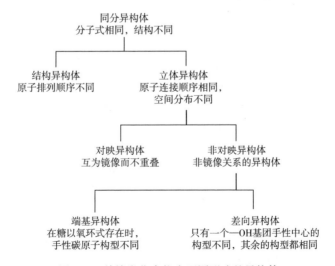

图 2-2　单糖类化合物中不同形式的异构体

单糖类化合物中存在着多个手性碳原子，因此存在多组同分异构体。含有四个不同基团的碳原子的分子称为手性碳，用 C^* 表示。例如，一个含有四个不同取代基的分子形成两个同分异构体，它们存在镜像反射的对称性（图2-3）。这样的结构则称为对映异构体，互为镜像而不重叠。不重叠的意思是当一个结构放在另一个上面时，它们不会重叠。单糖分子中含有一个或多个手性碳原子，这些原子具有 2^n 种排列，其中 n 表示手性碳原子的数量。例如，含 4 个手性碳原子的葡萄糖有 $2^4 =$ 16 种不同的同分异构体。

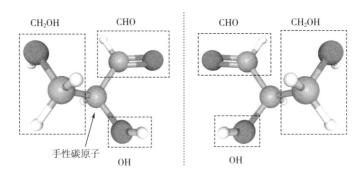

图 2-3　甘油醛的手性碳原子和对映异构体

结构互为镜像，不可重叠

编号最大的手性碳原子上的羟基在右边的糖为 D 型糖，羟基在左边的糖则为 L 型糖（图2-4）。D 型糖和 L 型糖为一对对映异构体，因为它们互为镜像。自然界中存在的大多数糖都是 D 型糖。注意：D- 和 L- 应该为小号大写字母，这样才是正规的写法。

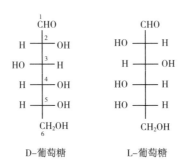

D-葡萄糖　　　　　　　　L-葡萄糖

图 2-4　D-葡萄糖与 L-葡萄糖

葡萄糖中编号最大的手性碳原子为 5 号碳原子（C-5），碳原子 C-1 和 C-6 不属于手性碳原子。

对于 D-葡萄糖，C-5 的—OH 基团位于右边；对于 L-葡萄糖，位于左边

糖类化合物的结构常用费歇尔投影式表示。费歇尔投影式是一种采用投影的方法将分子的三维立体结构用二维平面图像表示的一种方法，常用于糖类化学中。单糖的结构在空间上有三个维度（长、宽、高），但是要在纸上——这个二维平面（长和宽）——画出单糖的结构。此时，将碳原子的取代基投影到二维平面（纸）上（见图 2-5），然后再用直线连接，得到费歇尔投影。这种在二维平面（纸）上连接碳原子的取代基形成的单糖结构二维图称为投影式。费歇尔投影式也可用于表示氨基酸的分子结构（见第 3 章）。这种方法将羰基放在最上面，其余的碳链放在下面（图 2-4）。

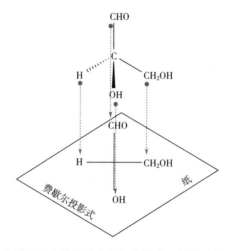

图 2-5　在纸上画出单糖的费歇尔投影式（同样适用于氨基酸）

单糖中含有醛基和醇基，因此，单糖分子内可以发生反应形成半缩醛。然后，半缩醛与醇反应生成缩醛（图 2-6），形成一个环状半缩醛（醛类，如葡萄糖）或半缩酮（酮类，如果糖）和一个新的手性碳原子。单糖通常形成六元或五元环结构，称为吡喃糖环（如葡萄糖）或呋喃糖环（如果糖）。单糖成环后形成了一个新的手性碳原子，该碳原子称为异头碳。它具有两个立体异构体，即 α- 和 β- 构型，它们异头碳原子的构型不相同。哈沃斯投影式是表示单糖环形结构的另一种常用方法。这种投影画法有时会省略碳原子和氢原子，并用粗线表示原子离观察者更近

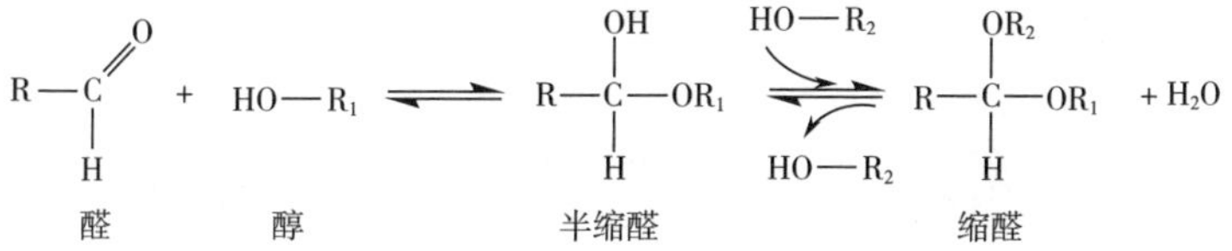

图 2-6　半缩醛和缩醛的形成（醛与醇反应生成半缩醛，半缩醛与醇反应生成缩醛）

（见图 2-7 和图 2-9 中的 α-D-葡萄糖）。在哈沃斯投影式中，D-型单糖 α-异构体的—OH 基团位于环平面下方，而 β-异构体的—OH 基团则位于环平面上方（图 2-7）。需要注意的是，对于 L-糖，情况正好相反。从环氧原子旁边的碳原子开始按顺时针方向进行编号，碳原子 C-1 为异头碳（见图 2-7 中的 β-D-葡萄糖）。

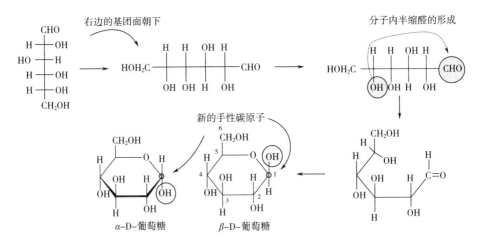

图 2-7　单糖分子内半缩醛形成端基异构体的哈沃斯投影式（费歇尔投影式顺时针旋转 90°）

碳原子 C-5 的—OH 基团与醛基分子内发生反应（蓝色标识）。环化反应后生成一个新的手性中心（绿色圆圈），并形成 α-和 β-异构体。羟基的位置（黄色标识）是这两种构型之间唯一的区别

差向异构体是只有一个手性碳原子的构型不同（—OH 基团），其余的构型都相同的一对异构体（图 2-8）。差向异构体互为非镜像关系，且不重叠；而对映异构体互为镜像且不重叠。甘露糖和半乳糖都是 D-葡萄糖的差向异构体。但是，D-甘露糖和 D-半乳糖不止一个手性中心的构型不同，所以，它们是非对映异构体，而不是差向异构体。

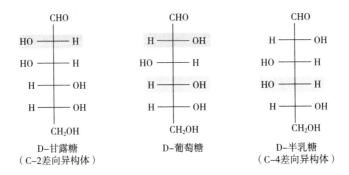

图 2-8　甘露糖是葡萄糖的 C-2 差向异构体；半乳糖是葡萄糖的 C-4 差向异构体

彩色方框表示羟基方向不同

哈沃斯投影式不能确切地反映单糖分子结构的空间排布，因为—OH 基团和—H原子相互作用和相互排斥，导致其相互作用力最弱。原子在空间的几何排列称为构象，分子的一种构象可以通过单键的自由旋转，变成另一种构象。由于取代基在空间中的不同排列而形成的异构体称为构象异构体。由于几何约束或空间位阻（如键长、取代基的大小等），形成的 3D 图形数量有限。吡喃葡萄糖两种典型的构象为椅式构象和船式构象（图 2-9）。其中，椅式构象最稳定，船式构象主要出现在取代基巨大的衍生物中。

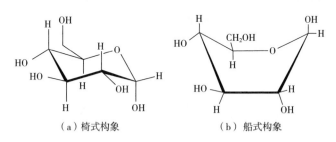

（a）椅式构象　　　　　（b）船式构象

图 2-9　吡喃葡萄糖的两种构象

粗线表示原子更接近观察者

椅式构象常用于描述糖类化合物的构象，下文会详细说明。椅式构象中，每个碳原子的取代基位于平伏键或直立键上（图 2-10）。平伏键平行碳环的平面，而直立键垂直于碳环所在的平面。每个碳都有一个平伏键和一个直立键。体积较大的基团位于平伏键上，而氢原子位于直立键上，因为平伏键的位置往往比直立键拥挤。

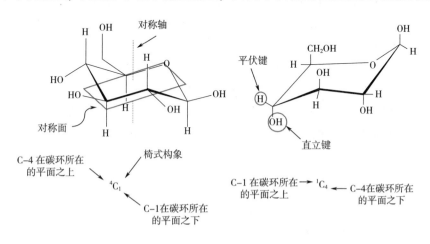

图 2-10　β-D-吡喃葡萄糖的椅式构象

根据碳原子 C-1 和 C-4 的位置，可能存在 $^4C_1$ 或 $^1C_4$ 两种构象

根据碳原子 C-1 和 C-4 的位置，椅式构象分为两种。当碳原子 C-4 在碳环所在的平面之上，而 C-1 在之下时，这种椅式构象记为 $^4C_1$；相反，则记为 $^1C_4$。

当单糖溶于水时，形成具有开环、五元环和六元环异构体组成的平衡混合物，其中异头碳的构型可以是 α- 或 β- 构型。异构体通过官能团的改变，由一个异构体迅速转变为另一个异构体（即 α ⇌ β），直至达到平衡。因为线偏振光的旋光度不断变化，这一过程称为变旋现象（图 2-11）。例如，β-D-吡喃葡萄糖平衡混合物中含约 64%β-D-吡喃葡萄糖和约 36%α-D-吡喃葡萄糖。因此，当单糖溶于水时，在溶液中并不是仅存在某一种单一的物质，而是根据单糖分子结构及其周围的环境（例如 pH 值、温度等），形成由多种结构体组成的混合物。

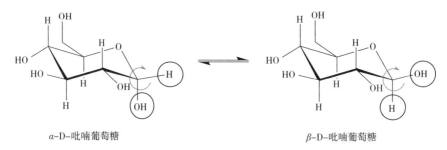

α-D-吡喃葡萄糖　　　　　　　　　　　β-D-吡喃葡萄糖

图 2-11　当端基异构体溶于水时，它们从一个异构体转变到另一个异构体，直至达到平衡

互变异构体是指当碳基团通过分子内质子反应转移到氧负离子上后，由一种形式转化为另一种形式的异构体。这种互变异构现象通常由酸或碱催化，且羰基化合物的 α- 碳原子（即羰基碳旁边的碳原子）上有氢原子，就像单糖一样。互变异构体成对存在，酮式-烯醇式互变异构是食品化学中最常见的现象。酮式-烯醇式互变异构指酮（酮或醛）和烯醇（不饱和醇）能以一定的比例平衡存在，并能相互转化（见图 2-12）。这种相互转化非常快，相比之下，烯醇式没有酮式稳定。D-葡萄糖在碱催化下的酮式-烯醇式互变异构会涉及质子的运动和成键电子的移动。因此，当 D-葡萄糖在碱性条件下溶于水时，溶液中会含有 D-甘露糖和 D-果糖。由于与美拉德反应有关，酮式-烯醇式互变异构通常发生在食品非酶褐变过程中。

酮类互变异构体　　　　　　　　　　　烯醇互变异构体

图 2-12　酮式-烯醇式互变异构指酮或醛（酮式）和烯醇（烯醇式）能以一定的比例平衡存在
酮和烯醇是互为互变异构体

2.3 单糖的反应

单糖的反应在食品加工中至关重要，它会影响食品的品质和保质期。单糖的许多化学反应与分子结构中存在的羟基、羰基等官能团有关。醇（羟基）可以反应生成酯和醚，也可以被氧化生成酸。酮可被还原成仲醇。醇与酸反应生成酯和水的反应称为酯化反应，单糖分子的羟基也能发生酯化反应。醇与卤化物（含有 F、Cl、Br 或 I 的化合物）反应生成醚（图 2-13）。这两种反应广泛应用于改性淀粉、生产纤维素衍生物以及各种食品乳化剂（如山梨醇酯）。

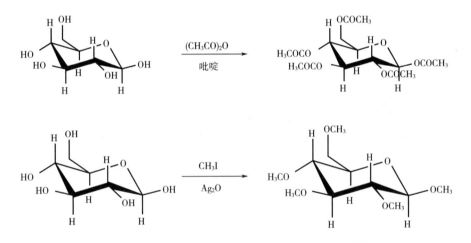

图 2-13 糖类的酯化反应（上图）和醚化反应（下图）

醛糖分子中的醛基可以被氧化成相应的羧酸，从而形成醛糖酸。醛糖酸英文单词的后缀为"-onic"。例如，葡萄糖酸的英文为"gluconic acid"［图 2-14（a）］。经过异构化后，酮糖也可以通过烯二醇——酮式-烯醇式互变异构的中间产物氧化形成葡萄糖或甘露糖。醛糖酸也可以通过羧基和 C-5 上的—OH 之间的酯化反应进行环化，形成内酯。葡萄糖的内酯称为葡萄糖酸内酯（GdL），它是一种常见的食品添加剂。GdL 在水溶液中缓慢水解为葡萄糖酸，逐渐降低系统的 pH 值，类似于细菌发酵中的酸化作用。作为食品添加剂，GdL 用于各种食品中，包括肉类、乳制品、大豆或糖果食品。在较强氧化条件下，醛和末端的—OH 基团氧化成羧酸，进而形成醛糖二酸。醛糖二酸英文单词的后缀为"-aric"。例如，葡萄糖二酸的英文为"glucaric acid"［图 2-14（b）］。只有末端碳原子的—OH 被氧化成羧酸，而醛基不受影响。这种分子称为糖醛酸，具有羰基和羧酸，可参与官能团化反应［图 2-14（c）］。糖醛酸英文单词的后缀为 "-uronic acid"。例如，葡萄糖糖醛酸的英文为 "glucuronic acid"。糖醛酸天然存在于某些食品中，是各种多糖的重要组成部分，例如，果胶（半乳糖醛酸，即半乳糖的糖醛酸）或海藻酸盐（甘露糖醛酸和古洛糖醛酸，即甘露糖和古洛糖的糖醛酸）。

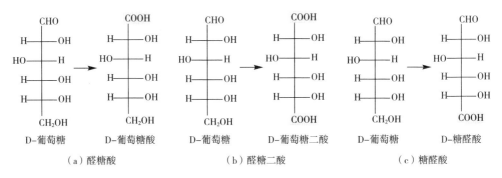

(a) 醛糖酸　　　　　　　　 (b) 醛糖二酸　　　　　　　 (c) 糖醛酸

图 2-14　葡萄糖氧化形成

当单糖被氧化时（如葡萄糖、果糖或半乳糖），另一种化合物会被还原。由于这种特性，单糖也被称为还原糖［图 2-15（a）］。一些双糖（如乳糖或麦芽糖）、低聚糖和多糖具有游离的异头碳（游离醛或酮基）也都具有还原性。而蔗糖不是还原糖，因为其异头碳参与了葡萄糖和果糖之间糖苷键的形成，不能再与氧化剂反应。本尼迪特试剂或斐林试剂可用于鉴定还原糖。

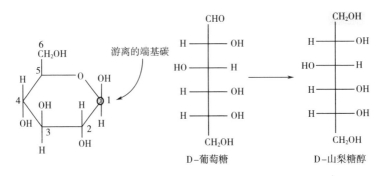

(a) 游离的单糖异头碳C-1（所有的单糖都是还原糖）　　　　（b）单糖的还原产物为糖醇

图 2-15　游离的单糖异头碳和单糖的还原产物

在还原过程中，羰基（醛或酮）被还原成糖醇。糖醇英文单词的后缀为 "-itol"［图 2-15（b）］。例如，山梨糖醇（葡萄糖的还原产物，也被称为葡萄糖醇）的英文为 "sorbitol"，甘露糖醇（甘露糖的还原产物）的英文为 "mannitol"，木糖醇

（木糖的还原产物）的英文为"xylitol"。在糖果业中，它们通常作为无糖糖果（例如，无糖口香糖）的非糖甜味剂。

　　在糖化学中最重要的反应是糖苷键的形成。糖苷键将两个单糖分子或通常一个单糖分子连接到其他分子上，它是形成双糖、低聚糖和多糖必不可少的元素。在形成糖苷键时，异头碳（C-1）上的半缩醛与醇反应生成缩醛，称为糖苷。与糖缩合的非糖部分称苷元（图 2-16）。糖苷通常通过氧原子彼此连接（O-糖苷），它也可通过氮原子（N-糖苷）或硫原子（S-糖苷）连接。许多食品中的天然化合物都由糖苷组成，例如，类黄酮、类固醇或香豆素。甜菊糖苷是一种由植物甜菊叶中精提而来，不含任何热量的甜味剂。橙皮苷、柚皮苷和芸香苷是带有苦味的类黄酮化合物，需从食品（如西柚汁）中去除。

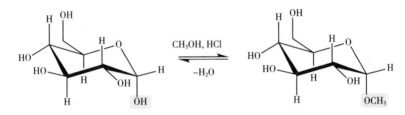

图 2-16　葡萄糖与甲醇反应生成糖苷甲基葡萄糖（在这种情况下，甲基称为苷元）

　　糖苷键的表示方法包含有三个要素：①含有半缩醛基团的糖的构型；②第一个单糖分子中，形成苷键的碳原子编号；③第二个单糖分子中，形成苷键的碳原子编号。例如，双糖或多糖分子具有 α-（1→4）苷键，那么单糖分子为 α-构型异位体。而且，第一个单糖分子通过碳原子 C-1 与第二个单糖分子连接，第二个单糖分子通过碳原子 C-4 与第一个单糖分子连接（图 2-17）。若双糖或多糖分子具有 β-（1→4）苷键，单糖分子为 β-构型异位体，其他与 α-构型异位体一样。α-（1→6）表示第二个单糖分子的苷键位于碳原子 C-6，形成多糖链的分支。糖苷键的另一种等效写法是 α-（1，4），即用逗号代替箭头。虽然也可能存在其他形式的苷键，例如 α-（1→3）、β-（1→2）或 β-（1→3），但是目前最常见的是 α-（1→4）、α-（1→6）和 β-（1→4）这三种。糖苷键用酶（见 3.4.3 章节）或在加热和酸条件下催化水解后，生成单糖。

　　单糖也可以围绕糖苷键旋转，直至能量达到最低。自转角 φ 位于第一个单体糖苷键的异头碳和氧原子之间。旋进角 ψ 位于第二个单体糖苷键的异头碳和非异头碳之间（图 2-18）。由于碳原子 C-6 存在分支，可能使碳原子 C-5 和 C-6 糖苷键形成自转角（ω）。当分子变成大分子时，糖链的分支和旋转至关重要，因为它们决定了分子的功能特性（如黏度或凝胶化）。

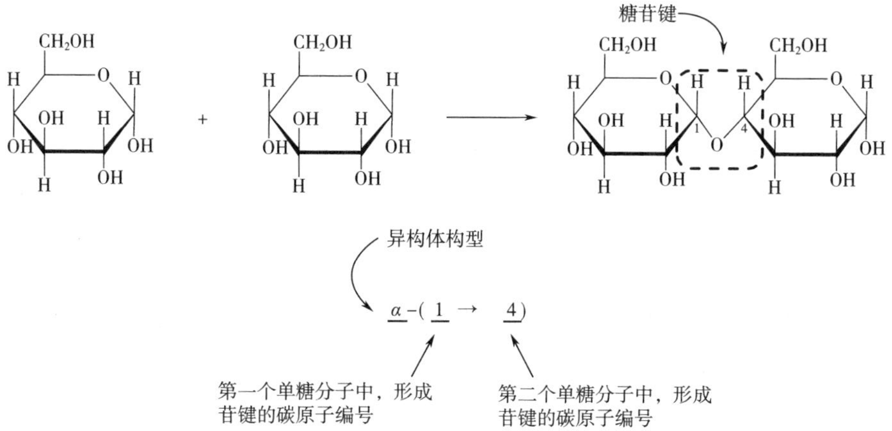

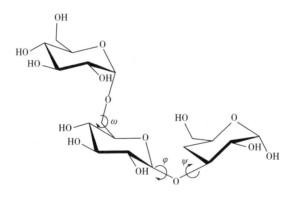

图 2-17　两个葡萄糖分子间糖苷键的形成及糖苷键的表示方法
例中，糖苷键为 α-（1→4）构型

图 2-18　单糖围绕糖苷键旋转 φ、ψ、ω 是单糖可能旋转的角度

糖含量的测定方法

苯酚–硫酸法的原理是糖与浓硫酸反应生成糠醛衍生物，然后与苯酚生成橙黄色化合物，再以比色法测定。

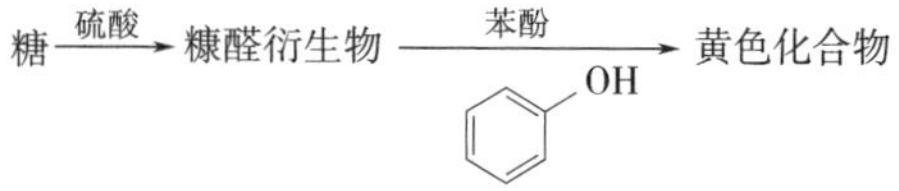

$$
\text{糖} \xrightarrow{\text{硫酸}} \text{糠醛衍生物} \xrightarrow[\substack{\bigcirc\\OH}]{\text{苯酚}} \text{黄色化合物}
$$

间羟基联苯比色法也可用于测定总糖醛酸的含量，它的原理是先将糖与浓硫酸发生反应，然后与间羟基联苯反应，生成粉红色衍生物，再通过比色法对糖醛酸含量进行测定。

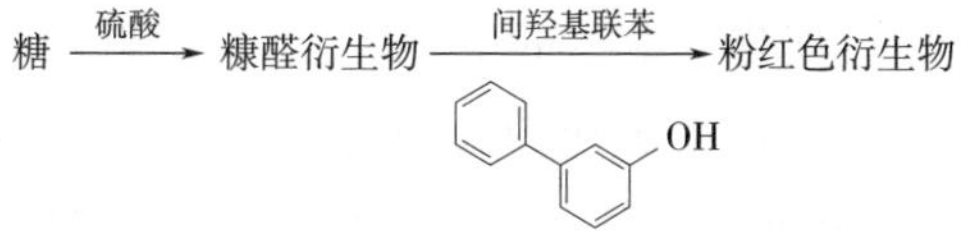

$$糖 \xrightarrow{\text{硫酸}} 糠醛衍生物 \xrightarrow{\text{间羟基联苯}} 粉红色衍生物$$

还原糖可以通过含 Cu^{2+} 的斐林试剂或本尼迪特试剂进行测定，Cu^{2+} 会被还原为 Cu^+。该反应也可用于还原糖的定性和定量分析。

多糖的测定方法是对其完全水解后产生的单糖进行定量测定，然后选用适当的液相色谱法。

2.4 双糖−低聚糖

正如前文所述，双糖是由两个单糖分子通过糖苷键结合形成的。麦芽糖主要是由两分子葡萄糖脱水缩合而成，碳原子 C-1 不参与糖苷键的形成，保留了其半缩醛羟基（图 2-19）。乳糖由葡萄糖和半乳糖组成，也保留了异头碳 C-1 的半缩醛羟基。乳糖不耐受的人在消化过程中，由于不能分解乳糖的糖苷键，导致其胃肠道出现不适。零乳糖牛奶的生产涉及乳糖的水解，通常是加入乳糖酶使牛奶中的乳糖分解成葡萄糖和半乳糖。因此，由于葡萄糖的存在，零乳糖牛奶会比普通牛奶略甜。蔗糖由葡萄糖和果糖组成，之间以 α−（1→2）糖苷键连接。蔗糖在转化酶或加热

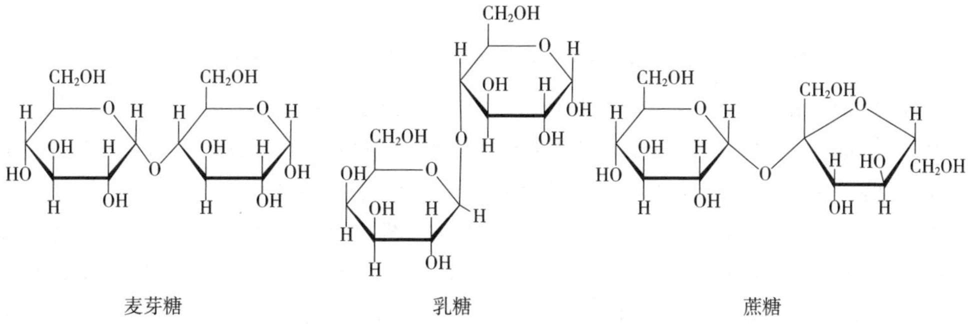

麦芽糖　　　　　　　　乳糖　　　　　　　　蔗糖

图 2-19　食品中常见的双糖（蔗糖是一种非还原性双糖）

加酸的条件下水解成葡萄糖和果糖，生成含有转化糖的水溶液。转化糖比蔗糖更甜，也更难结晶，是糖果和烘焙行业中理想的甜味剂。之所以称为"转化糖"是因为生成的葡萄糖和果糖的混合物由于水解使旋光方向从+66.5°（纯蔗糖）转变为-19.7°（完全水解蔗糖）。

低聚糖由2~20个单糖通过糖苷键连接而成，天然存在的低聚糖很少（图2-20）。棉子糖（三糖）、水苏糖（四糖）、毛蕊花糖（五糖）是豆类中常见的低聚糖，这些糖不能被人体消化吸收，容易导致胀气。低聚果糖由多个果糖结合生成，通常称为果聚糖，它天然存在于很多果蔬中，例如石乃柏、香蕉、大蒜、韭菜、洋葱、洋蓟。常见的果聚糖包括菊糖和左聚糖，由β-（2→1）或β-（2→6）糖苷键连接而成。它们是常见的益生元，可以促进肠道中的多种益生菌的生长，也可作为脂肪替代品或食品口感改良剂。

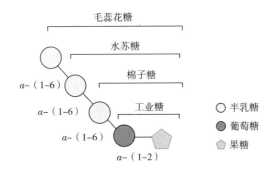

图2-20　食品中常见的低聚糖

2.5　多糖

多糖是由多个单糖分子通过糖苷键连接而成的糖链。多糖属于生物大分子，通常被称为多糖链，样子就像一串珠子一样。组成多糖的单糖个数称为聚合度（DP）。例如，如果DP为200，那么多糖由200个单糖分子组成。大多数多糖的DP值大于200，通常超过3000。由相同的单糖分子组成的多糖称为同多糖，含有两个或两个以上不同种单糖分子的多糖称为杂多糖（图2-21）。如果同一分子中只含有一种糖苷键，多糖链可能呈线性；如果同一分子中含有多种糖苷键，多糖链可能带分支。多糖可直接从植物中获取（如大米或马铃薯淀粉），或通过加工农业废弃物获取（如果胶）。其他获取途径包括藻类（如海藻酸盐或卡拉胶）、贝类工业副产品（如壳多糖）或微生物发酵（如黄原胶或结冷胶）。

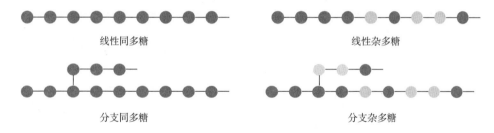

图 2-21 不同多糖的结构类型

虽然自然界存在许多单糖，但在多糖中发现的单糖相对较少。常见的单糖包括葡萄糖和甘露糖，它们已经成为了某些商业化多糖最重要的组成成分之一。其他糖或糖酸，如半乳糖、木糖、阿拉伯糖或半乳糖醛酸、谷糖醛酸和甘露糖醛酸在工业多糖中均有被发现。然而，链的结构类型、同分异构体的形式、单糖的功能性质、分支和主干中单体的周期性都会影响多糖物质的结构和功能，包括不同位置发生甲基化或乙酰化，是否存在硫酸盐或其他官能团，或组成多糖的单糖异位体的差别等。例如，纤维素和直链淀粉都是由葡萄糖构成。直链淀粉分子中葡萄糖基之间的糖苷键是 $\alpha-$（1→4），纤维素分子中则是 $\beta-$（1→4），所以它们在植物内部具有不同的功能特性，也导致了它们作为食品成分时的不同用途。

多糖是必不可少的食品原料（无论是天然存在还是用作食品添加剂），不含多糖的食品（动物、植物、真菌等）是不存在的。"胶"也用于描述多糖，通常用于描述非淀粉多糖，例如瓜尔胶、阿拉伯胶或黄原胶。在其他文献中，也有很多名词用于描述多糖的功能，如膨胀剂、乳液稳定剂、脂肪替代品、凝胶剂、增稠剂、黏度增强剂、水结合剂或食品口感改良剂。多糖按功能可分为两种：一是结构形成，二是结构稳定（表 2-1）。作为成形剂时，多糖会形成软固体三维网状结构，将大量水固定在网孔中，从而形成凝胶。多糖的这种功能可以将食品配方中的各组分（例如，果酱、洋葱圈或鸡块中的面糊）黏合在一起，从而使食品具有丰富的口感。作为稳定剂时，多糖能够提升黏度，防止出现物理分离（例如，乳化分层或沉淀）。多糖的这种功能可以确保食品配方协调一致（例如，在冷冻前搅拌冰淇淋），或延长食品的保质期（例如，沙拉酱中的颗粒悬浮）。多糖在同一配方中通常具有多种作用。例如，在沙拉酱中，多糖可以抑制相分离引起的油滴分层，同时增加食品黏度，改善口感。在大多数情况下，多糖能与食品中的其他成分（如蛋白质、脂质或阳离子）相互作用，发生复杂的反应，所以研发含有多糖的食品配方是极具挑战性的工作。因此，在应用之前，需要先了解多糖的化学结构。

表 2-1 食品中多糖功能性举例

属性		举例
结构形成	凝胶	洋葱圈形成中的凝胶化现象
	乳化	饮料中的调味油乳化
	包裹	将油转化为粉末
结构稳定	黏度增强	防止沙拉酱中相分离
	保水性	防止乳制品甜点脱水
	纹理修改	改变低脂配方食品厚度的感知

2.5.1 淀粉

淀粉是植物中最重要的贮藏多糖，主要存在于植物的块茎、果实和种子中。淀粉广泛应用于食品工业及非食品工业（如造纸、化工或化妆品），主要来源包括玉米、小麦、水稻、马铃薯、木薯等。天然淀粉指未经任何加工处理制得的淀粉。改性淀粉指利用物理化学或酶的手段来改变其功能特性的淀粉。

淀粉常以颗粒状态存在，称为淀粉颗粒。淀粉由两种多糖混合组成，包括直链淀粉和支链淀粉。直链淀粉和支链淀粉同为葡萄糖同多糖，但是分支结构不同。直链淀粉中的葡萄糖基以 $\alpha-$（$1 \rightarrow 4$）糖苷键连接而成 [图 2-22（a）]，空间构象卷曲成螺旋形，在螺旋内部只含氢原子，具有疏水性，而—OH 基团位于螺旋外侧，具有亲水性。直链淀粉可以与各种疏水性分子形成复合物，如与脂质或其衍生物发生包结络合作用。碘也可以与淀粉形成碘-淀粉复合物，用于测定直链淀粉的含量。

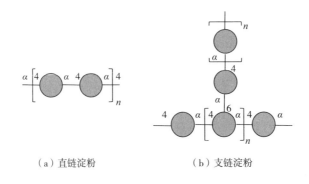

（a）直链淀粉   （b）支链淀粉

图 2-22 糖苷键

n 表示方括号内重复的糖基的数量。例如，在直链淀粉中，如果 $n=100$，多糖由 200 个葡萄糖分子组成，括号中有两个蓝圈，蓝圈表示葡萄糖分子支链淀粉是一种具有 $\alpha-(1\rightarrow4)$ 和 $\alpha-(1\rightarrow6)$ 糖苷键、含大支链的分子 [图 2-22（b）]。$\alpha-(1\rightarrow6)$ 糖苷键的出现使支链淀粉形成三个分支。支链淀粉含有还原端的单链称为 C 链。C 链具有很多侧链，称为 B 链，B 链又具有侧链，称为 A 链，A 链没有侧链。直链淀粉含量极低，几乎完全由支链淀粉构成的淀粉称为蜡质淀粉。淀粉常以淀粉颗粒状态存在，支链淀粉分子整齐排列在淀粉颗粒中（结晶状）[图 2-23（a）]。支链淀粉分子中各环层共同围绕一点（称为粒心），非晶区和半结晶区相互交替 [图 2-23（b）和（c）]。半结晶区由支链淀粉链的有序部分组成，非晶区包含分支点和直链淀粉。非晶区和半结晶区交替排列组成生长环 [图 2-23（c）]。粒心非常重要，因为水分从粒心进入淀粉颗粒，导致淀粉颗粒体积膨胀，淀粉溶液糊化。淀粉颗粒形状大小不一，这决定了它的膨胀能力及其他物理特性。颗粒较大，直径>10μm，似透镜状的淀粉颗粒称为 A 型淀粉颗粒，常见于谷类胚乳中。颗粒较小，直径<10μm，呈球形，膨胀能力较低的淀粉颗粒称为 B 型淀粉颗粒，主要存在于块茎（如马铃薯）和豆科（如豌豆）中。天然的淀粉颗粒大小不同，也就是说，淀粉由大小不同的小颗粒组成。因此，淀粉颗粒的粒度分布会影响其功能特性。例如，在小麦面团中，可以很容易看到不同大小的淀粉颗粒 [图 2-23（d）]。

如上文所述，工业淀粉分为天然淀粉和改性淀粉。天然淀粉通常存在于自然界植物体内，常见的植物包括玉米、水稻、小麦、马铃薯、木薯和糯玉米。在糯玉米和其他蜡质淀粉中，直链淀粉的含量一般低于 2%；在其他植物体中，直链淀粉的含量为 15%~30%。而在高直链淀粉中，直链淀粉的含量超过 30%，由于高直链淀粉的凝沉性相对较强，它并不适合用于食品应用（见下文）。天然淀粉的晶体结构、糊化特性、直链淀粉和支链淀粉中的微量成分如磷酸酯、磷脂或蛋白质等各不相同，也就是说，天然淀粉无法保证良好的糊化性或凝胶性，所以，若要将它们应用于食品配方中是非常困难的。对于改性淀粉，淀粉的性能已经得到改善，例如耐热、剪应力、耐酸等方面。淀粉化学或物理的改性方法主要包括交联、衍生、酸水解（解聚）、预糊化、氧化或以上方法的组合，采用上述任何一种方法进行改性的淀粉都属于改性淀粉。在交联淀粉中，交联剂与两个相邻分子的—OH 基团发生反应，将两个或多个淀粉分子交叉连接起来。这提高了淀粉的耐酸性、耐热性，黏度以及保水能力。在淀粉衍生物中，活性羟基通过酯化或醚化反应，在结构中引入取代基改性（详见 2.3 章节）。这降低了淀粉链之间的黏度，减少了凝沉的趋势，增强了结合水的能力，提高了凝胶的强度。引入疏水基团后（化学改性），淀粉具有乳化特性 [例如，与辛烯基琥珀酸酐（OSA-淀粉）的酯化作用]。淀粉加酸水解生成酸解淀粉，其淀粉链更小，黏度也随之降低。淀粉与氧化剂（通常是次氯酸盐）反应生成氧化淀粉。氧化淀粉黏度较低，因为淀粉氧化解聚后，产生了低黏度的分散体。

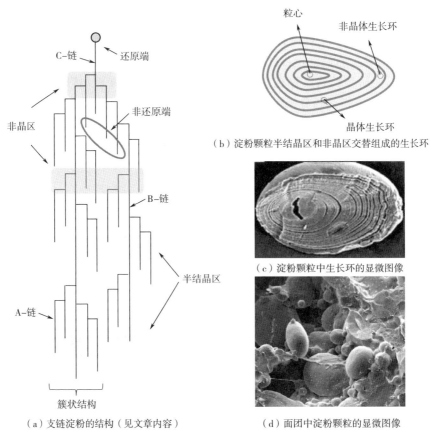

（a）支链淀粉的结构（见文章内容）

（b）淀粉颗粒半结晶区和非晶区交替组成的生长环

（c）淀粉颗粒中生长环的显微图像

（d）面团中淀粉颗粒的显微图像

图 2-23　淀粉❶（纤维结构为谷蛋白链，淀粉颗粒大小不一）

　　天然淀粉颗粒完全不溶于冷水，但可通过粒心吸收水分而膨胀。在水中加热到一定温度时，发生糊化。淀粉颗粒糊化时，颗粒中分子有序破坏，结晶区消失，直链淀粉分子溶出，最终淀粉溶解。影响淀粉糊化温度的因素有很多，例如淀粉的种类、淀粉与水的比例、pH 值或浓度。淀粉糊化的温度范围通常在 55~95℃，糊化后形成淀粉糊。淀粉的糊化过程可以通过糊化曲线表示，糊化曲线反映了淀粉黏度随温度（加热和冷却）的变化（图 2-24）。初期淀粉黏度很低，第二阶段，淀粉颗粒急剧膨胀，黏度大大提高。当糊化达到最高黏度，淀粉颗粒破裂，黏度下降。淀粉完全糊化后，当温度降低到一定程度时，出现老化，也就是直链淀粉和支链淀粉的重结晶。糊化与凝胶化是两种完全不同的物理化学事件，但是特别容易混淆。如

❶　显微图像（c）经 Pilling 和 Smith（2003）同意后使用，Plant Physiology 期刊，132，365-371。显微图像（d）经 Kontogiorgos，Goff Kasapis（2008）同意后使用，Food Hydrocolloids 期刊，22，1135-1147 页。

前文所述，糊化一般指淀粉的糊化，但凝胶化指多糖、蛋白质、脂质及其混合物通过物理或化学作用交联形成三维网络结构（凝胶），可以容纳大量的水（水凝胶）或油（油凝胶）。

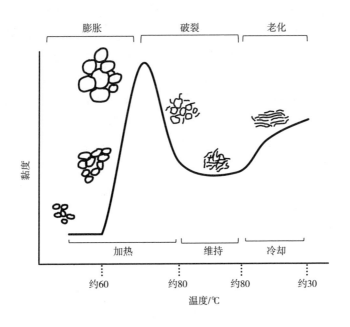

图 2-24　淀粉的糊化和糊化曲线

淀粉颗粒急剧膨胀，最终破裂，黏度下降。在冷却过程中，直链淀粉和支链淀粉重结晶，即"回生"

　　直链淀粉比支链淀粉更容易结晶，这是导致淀粉食品品质不良的主要原因。例如，淀粉凝沉会导致面包和烘焙食品品质劣变、黏度下降；含有淀粉的汤和酱会失去黏稠状态并出现沉淀物。淀粉凝沉也是无谷蛋白食品配方中常见的问题，会导致食品口感迅速变差，保质期短。蜡质淀粉几乎不含有直链淀粉，所以它不易老化。使用这种改性淀粉可以降低或减缓淀粉凝沉，降低对食品品质和保质期的影响。天然淀粉在冷水中不会形成糊状物，需要加热才会糊化。预糊化是一种物理改性方法，即不使用化学试剂，淀粉也能在冷水中膨胀成糊。预糊化淀粉是将淀粉放入水中（浓度为 1%~5%）加热至完全糊化，然后烘干细磨而成的淀粉。这类淀粉常用于速溶粉、馅饼馅料、汤粉、沙拉酱、糖果和肉制品中，其营养价值与原淀粉相同。

　　抗性淀粉（RS）在小肠中不能被酶解。根据其特性，可分为四种，即 RS1、RS2、RS3、RS4。RS1：物理包埋淀粉，指不能被淀粉酶接近的淀粉，例如完整未加工的全麦谷物、种子、坚果或豆类（如燕麦、黑麦、小麦、大麦、粗麦粉、玉米、亚麻籽或芝麻）。RS2：消化酶无法分解的淀粉，以天然形态存在于香蕉、未成熟的水果和豆类（如扁豆或菜豆）中。RS3：是指淀粉糊化后在冷却过程中由于老化而形成的抗性淀粉。RS4：是经化学修饰后形成的改性淀粉，因为糖苷键不能被消化酶裂解，所以不能被人体消化吸收。

某些人对某种谷蛋白（乳糜泻）比较敏感，食用后会出现胃肠不适，这种谷蛋白主要存在于小麦粉面筋中。唯一的解决办法是去掉他们饮食中的谷蛋白。因此，对不含谷蛋白（或无麸质）的烘焙食品配方需要特别处理，这些配方大多是含多糖（如黄原胶或羧甲基纤维素）和植物蛋白（如豌豆或大豆）的淀粉组合物。不含谷蛋白的食品中常见问题包括体积减少、结构致密和存储后口感改变。前两个问题是由于缺少谷蛋白而导致，因为谷蛋白可以使成型的面包松软可口，第三个问题与配方中淀粉的老化有关。因此，马铃薯、木薯、糯玉米或改性淀粉是首选，因为这些淀粉的老化率较低。添加少量的其他成分（如脂类、盐、单糖、酶等）也可延缓淀粉的老化，改善食品口感，延长食品保质期。正因如此，不含谷蛋白的食品中糖分、脂肪和盐的含量比普通食品要高。

麦芽糊精是多达20个葡萄糖单元以 $\alpha-$（1→4）糖苷键连接构成的低聚糖。葡萄糖糖浆是具有完全不同性质的淀粉水解产物。麦芽糊精和葡萄糖糖浆都是淀粉水解的产物。淀粉水解程度及糖化程度用 DE 值（葡萄糖值）表示。DE 值表示糖浆中还原糖的百分含量，取值范围为0~100。纯葡萄糖的 DE 值为100（即100%还原糖），而淀粉的 DE 值为0（即0还原糖）。DE 值为10的麦芽糊精的还原能力是纯葡萄糖的10%。我们需要了解 DE 值，因为它会影响麦芽糊精和葡萄糖糖浆的功能特性（图2-25）。麦芽糊精可用作填充剂、增黏剂或包封材料，例如，色素、香精或油。在糖果行业中，葡萄糖糖浆可用作甜味剂、口感改良剂、褐变剂或糖结晶抑制剂。

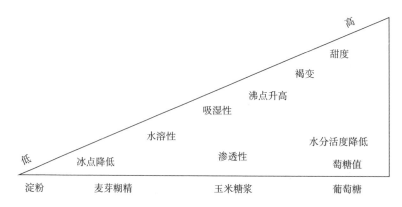

图2-25 葡萄糖基成分的功能特性与葡萄糖值（淀粉水解生成葡萄糖）的关系
功能强度从左（低）到右（高）递增

2.5.2　卡拉胶

卡拉胶是一类由 3-β-D-半乳糖和 4-α-D-半乳糖或 4-3，6-脱水-α-D-半乳糖交替连接形成的线性硫酸基半乳糖（见图 2-26），它具有重复双糖结构，主要提取自海藻。卡拉胶在食品工业主中的应用主要分为 κ-型、ι-型、λ-型，每个双糖单位分别具有一个、两个或三个硫酸酯基团（O—SO$_3^-$）。卡拉胶加热到约 80℃，然后冷却到 40~60℃ 后可能形成凝胶。在高温下，卡拉胶分子链呈不规则的卷曲状，类似"煮熟的意大利面"。在冷却过程中，卡拉胶分子链从卷曲状转换到双螺旋状，从而形成凝胶。钾离子（K$^+$）的架桥作用利于卡拉胶分子双螺旋结构形成超分子网络聚集体。由于硫酸酯基团的存在，卡拉胶分子具有极强的负电荷，在牛奶的 pH 值下能与 κ-酪蛋白表面带正电荷的氨基酸分子形成离子间的相互作用，从而形成网状结构，防止出现乳清分离现象。这种工作原理已经在乳制品中广泛应用，例如巧克力牛奶（稳定可可颗粒）、乳制品甜点或冰激凌。

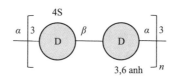

图 2-26　κ-卡拉胶的结构

黄圈：α-D-半乳糖；4S：C-4 处的硫酸基团；3，6 anh：3，6-脱水-α-D-半乳糖；D：D-对映异构体；
n：重复的单元数。ι-卡拉胶和 λ-卡拉胶的结构非常相似，但硫酸酯含量不同。
κ-卡拉胶每个双糖有 1 个硫酸酯、ι-卡拉胶有 2 个和 λ-卡拉胶有 3 个

2.5.3　海藻酸盐

海藻酸盐泛指海藻酸自身和海藻酸衍生物。海藻酸盐通常以二价海藻酸盐的形式混合存在于褐藻的细胞壁和细胞间黏胶质中。海藻酸盐是一类线性多糖，由 β-D-甘露糖醛酸（M）和 α-L-古罗糖醛酸（G）经过（1→4）糖苷键连接形成（图 2-27）。所以，海藻酸盐的主链由甘露醛酸（记为 M 段）或古洛糖醛酸（记为 G 段）两种结构单元构成，这两种结构单元以三种方式（MM 段、GG 段和 MG 段）通过 1，4 糖苷键链接。M 段通过 β-（1→4）糖苷键以 $^4C_1$ 椅式构象连接而成，灵活性强。G 段是刚性结构，古洛糖醛酸残基通过 α-（1→4）糖苷键以 $^1C_4$ 构象连接而成。因此，主链的刚性强度顺序为 GG（最强）>MM>MG（最弱）。海藻酸盐最突出的物理性质是它能够选择性结合二价和多价阳离子，从而形成凝胶，其机理被形象地称为"蛋盒"模型。根据该模型，在二价阳离子（最常见的是 Ca^{2+}）环境

中可以发生离子交联。海藻酸盐可应用于许多乳制品（例如精制奶酪、搅奶油或干乳酪）或重组食品（肉类、水果、蔬菜或鱼类）以及制药工业（例如抗酸剂或伤口敷料）。

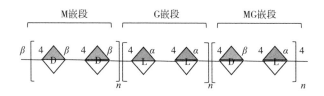

图 2-27　海藻酸盐的结构

绿色/白色：D-甘露糖醛酸，橙色/白色：L-古罗糖醛酸，n：重复的单元数

海藻酸盐水凝胶

海藻酸盐能与二价和多价阳离子形成凝胶，其机理被称为"蛋盒"模型。"蛋盒"这个术语是怎么来的呢？两条反向平行的海藻酸盐分子链的古洛糖醛酸单元形成一个"洞"结合 Ca^{2+}。带正电的钙离子与带负电的羧基相互作用形成离子交联，Ca^{2+} 与两条海藻酸盐分子链相连。这与低酯果胶形成凝胶的机理非常相似。这种链结构类似鸡蛋盒，钙离子是蛋，分子链是盒子。

多糖可以通过多种方式产生凝胶，无论哪种方式都是其分子链相互作用的结果。其作用力包括离子间作用力（如海藻酸凝胶）、氢键作用力（β-葡聚糖凝胶）或疏水作用力（如甲基纤维素凝胶）。通常情况下，以上作用力会同时存在。最终凝胶的质量，例如硬度或持水性，由多糖的类型、多糖的浓度、pH 值、温度或分子量等决定。

2.5.4　果胶

果胶是一种富含半乳糖醛酸的酸性杂多糖，主要存在于柑橘类的水果（如柑橘或柠檬）、苹果和甜菜中。果胶主要由半乳糖醛酸聚糖（HG）和鼠李半乳糖醛酸聚糖-I（RG-I）组成，其功能特性由两个区（HG 和 RG-I）分子内和分子间的相互作用决定（图 2-28）。果胶中 HG 含量最高，HG 区由（1→4）糖苷键连接的 α-D-半乳糖醛酸残基长链组成（约 200 个单位）。对于某些植物，半乳糖醛酸 C-6 位的羧基可被甲酯化，同时半乳糖醛酸 O-2 和 O-3 位也可被乙酰化。RG-I 区的主链主要由 [α-（1→2）-D-半乳糖醛酸-α-（1→4）-L-鼠李糖] n 的重复单元组成，其中 n 大于 100；侧链通常含有半乳糖和阿拉伯糖或携带大量的蛋白质。由于存在侧链，RG-I 区也被称为毛发区，而 HG 区不存在侧链，被称为光滑区。酯化度（DE）是指酯化的半乳糖醛酸基占果胶中全部半乳糖醛酸基的百分比。根据酯化度的不同，商业果胶可以分为两种类型：高酯果胶（$DE > 50\%$）和低酯果胶（$DE < 50\%$）。高酯果胶和低酯果胶最重要的区别在于凝胶的形成机理。在高浓度的蔗糖溶液中，高酯果胶在 pH<3.5 时可通过疏水作用、氢键作用形成非可逆凝胶。而低酯果胶不受糖、酸的影响，但需与 Ca^{2+} 结合才能形成凝胶，且 pH 值对凝胶的形成影响较低。这与海藻酸盐形成凝胶的机理非常相似，都是通过钙桥实现分子链相连。果胶广泛应用于果酱、糕点馅料、糖果食品、番茄制品、饮料和低 pH 值的牛奶制品中。

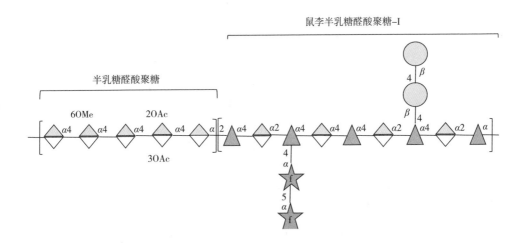

图 2-28　果胶的结构

黄白菱形：半乳糖酸；绿色三角形：鼠李糖；绿色星形：阿拉伯糖；黄色圆圈：半乳糖；

OMe：甲酯；OAc：乙酰酯；f：呋喃糖

2.5.5 纤维素

纤维素是植物细胞壁的主要构成成分，是 D-葡萄糖以 β-（1→4）糖苷键联接构成（图2-29），纤维素不溶于水。人体内不含纤维素水解酶，所以不能消化纤维素。它是膳食纤维的主要成分。虽然纤维素不溶于水，但是可以通过取代作用转变为水溶性多糖，统称为纤维素衍生物。例如，纤维素经羧甲基化后得到羧甲基纤维素（CMC），可用于控制冰激凌中的冰晶生长。甲基纤维素（MC）可溶于冷水，加热时产生热可逆凝胶，不溶于热水。甲基纤维素凝胶

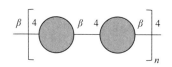

图 2-29　纤维素的结构

直链淀粉和纤维素的唯一区别是纤维素含有 β-D-葡萄糖，这导致两者在化学和物理性质上差别巨大。蓝圈：葡萄糖

通过不同 MC 链上甲基之间的疏水作用形成。许多素食和纯素"汉堡"都含有甲基纤维素或类似的纤维素衍生物。植物蛋白"汉堡"加热时会分解，原有的结构被破坏，口感变差，因为植物蛋白与肉类蛋白结构不同（如肌凝蛋白和肌动蛋白）。如果存在甲基纤维素，在加热（即烹饪）时会形成热可逆凝胶，确保原有的结构不被破坏。而在冷却到食用温度（约30℃）时，凝胶又消失，恢复原来溶液状态，在食用时不会出现固体凝胶。所以，甲基纤维素可应用在油炸食品中（如鸡块、鱼等），避免水分流失，增加多汁的口感。微晶纤维素（MCC）是一种部分解聚的纤维素，主要用作无热量的食品填充剂。

2.5.6 半乳甘露聚糖

半乳甘露聚糖是一种主要存在于瓜尔豆和角豆（槐豆）中的多糖，以 β-（1→4）糖苷键连接甘露糖构成主链结构，α-（1→6）糖苷键连接半乳糖构成侧链结构（图2-30）。不同来源的半乳甘露聚糖，其甘露糖与半乳糖的比值不同（M/G）。瓜尔胶和角豆胶中的甘露糖与半乳糖的比例分别约为 2：1 和 4：1。半乳甘露聚糖在低浓度下形成高黏度的水溶液，可与黄原胶或卡拉胶共混使用，提高食品配方的稳定性或凝胶性。半乳甘露聚糖通常用于冰激凌中，减少在储存时冰激凌重结晶；用于沙拉酱中，提高水相黏度和保水能力；或用于软奶酪制品中，减少扩散。

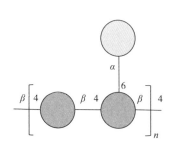

图 2-30　半乳甘露聚糖的结构

绿色：甘露糖；黄色：半乳糖

2.5.7 阿拉伯胶

阿拉伯胶（金合欢胶）来源于金合欢树属（也称阿拉伯胶树或塞内加尔金合欢）的树干渗出物。它是一种高度分支的杂多糖，主链由 β-（1→3）糖苷键连接的半乳糖构成，侧链主要是半乳糖、阿拉伯糖、鼠李糖和葡萄糖醛酸通过 C-6 键合在主链上。由于阿拉伯胶结构上带有部分蛋白质（图 2-31），使阿拉伯胶成为唯一可以被用作乳化剂的多糖胶质。阿拉伯胶具有高度的水溶性，即使浓度高达 20%～30% 也能形成较低黏度的溶液。因此，在糖果和饮料行业（如水果味饮料）中，添加阿拉伯胶可以增加香精油（如橙油）的稳定性，且在食用过程中不会产生黏稠的口感。

图 2-31　阿拉伯胶的结构示意图

阿拉伯胶分子结构紧凑，所以具有高浓低黏的特点

2.5.8 黄原胶

黄原胶是一种由黄单胞菌发酵产生的杂多糖。它由纤维素主链和三糖侧链构成，其中三糖侧链是由两个甘露糖残基与一个葡萄糖醛酸残基组成。与主链相连的甘露糖 C-6 位可能带一个乙酰基，末端的甘露糖可能在 C-4 和 C-6 之间带一个丙酮酸基（图 2-32）。如果觉得复杂，可以将黄原胶看作具有三糖侧链的纤维素。因此，在水溶液中，黄原胶分子链的结构十分紧凑，不易弯曲，折叠能力非常有限。黄原胶溶液具有低浓度高黏度的特性，1% 的黄原胶水溶液黏度相当于相同浓度明胶溶液黏度的 100 倍。黄原胶通常作为稳定剂应用于乳剂（如蛋黄酱、沙拉酱等）或无谷蛋白烘焙产品的配方中。

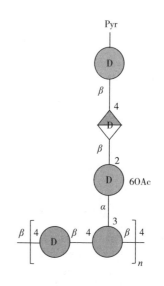

图 2-32　黄原胶的结构

蓝圈：葡萄糖；绿圈：甘露糖；

蓝/白菱形：葡萄糖醛酸；

Pyr：丙酮酸；OAc：乙酰基

2.5.9 壳多糖

壳多糖由 N-乙酰葡糖胺通过 β-（1→4）-糖苷键连接而成的多糖，是葡萄糖酰胺基乙酰化的衍生物（图2-33）。它是节肢动物外骨骼细胞壁的主要成分，如甲壳类动物（如虾壳、乌贼软骨）和昆虫。壳多糖在碱性环境下发生脱乙酰化反应，N-乙酰葡糖胺脱去乙酰基游离出 D-葡萄糖胺，形成壳聚糖。壳聚糖是自然界唯一带正电荷的多糖，其他多糖为中性或带负电荷。壳多糖和壳聚糖都属于糖胺聚糖（GAGS）多糖家族。壳聚糖在食品行业中的应用不多，但在制药和生物医学方面应用较广。

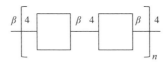

图2-33 壳多糖的结构

白色方形：N-乙酰葡糖胺

2.5.10 膳食纤维

随着生物化学、人体营养学和人类生理学不断发展，"膳食纤维"（DF）一词的定义也在不断变化。膳食纤维最广为接受的定义是在人体大肠中能部分或全部发酵的可食用的植物性成分、糖类化合物及其相类似物质的总和。膳食纤维的共性特点是不能被人体小肠内的酶水解，对人体健康有益。无论定义如何，膳食纤维都包括纤维素、半纤维素、果胶、抗性淀粉、木质素等。纤维素、果胶和抗性淀粉的结构和主要性质在前面的章节中已经介绍过。半纤维素是植物细胞壁中结构多样的杂多糖。半纤维素容易与纤维素混淆，容易让人误认为其结构与纤维素相似。实际上，半纤维素的结构与纤维素不同，构成半纤维素主链的糖基有：木糖基（阿拉伯糖基木聚糖）、甘露糖基（葡甘露聚糖）或葡萄糖基（β-葡聚糖）。半纤维素的主链是线性的（如 β-葡聚糖），但通常带有支链。例如，阿拉伯糖基木聚糖由木聚糖主链和阿拉伯糖侧链连接而成。木质素是植物细胞壁的主要组成部分，它不是多糖，也不在结肠中发酵。木质素是一种分子结构中含有氧代苯丙醇或其衍生物结构单元的芳香性高聚物，包括 p-香豆醇、松柏醇、芥子醇（图2-34）。木质素的构成单体较多，分子量较大，没有单一的化学分子式。

膳食纤维根据溶解度分为可溶性膳食纤维（SDF）和不溶性膳食纤维（IDF）两种类型。这两种膳食纤维的性质截然不同，在开发配方时会面临不同的挑战。例

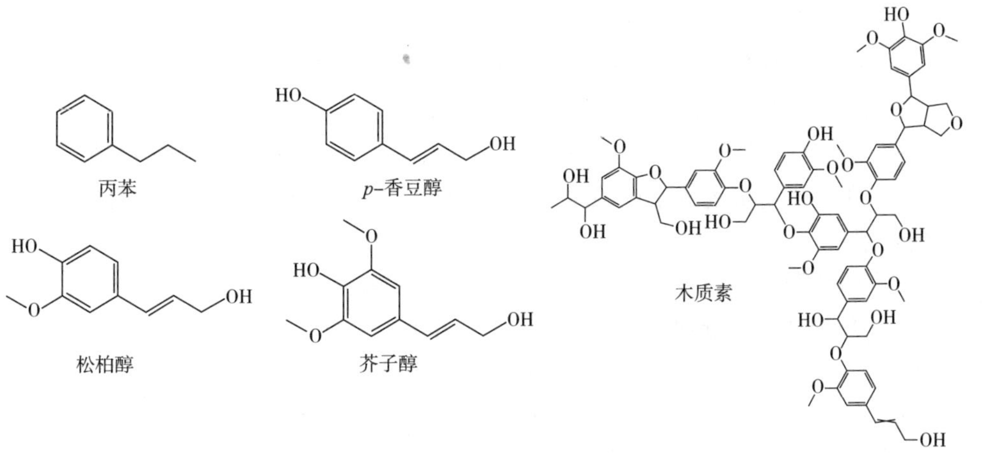

图 2-34　木质素是一类苯丙烷单体聚合而成的高聚物（如松柏醇、芥子醇、p-香豆醇）

如，可溶性膳食纤能够增加水溶液的黏度，而不溶性膳食纤维不能。一般来说，制备含不溶性膳食纤维的食品时，会遇到一些技术问题，因为不溶性膳食纤维的水合作用较弱、非均匀色散，且与食品中其他化合物相互作用不强。不溶性膳食纤维含量越高，食品的口感越粗糙，且保质期相对要短。因此，对于膳食纤维含量高的食品配方，了解多糖类的化学结构以及它们如何与食品中其他化合物相互作用十分重要。

2.6　课后练习

2.6.1　选择题–单糖

1. 六碳醛糖是：

（a）含有一个醛基和五个碳原子的单糖

（b）含有一个酮基和六个碳原子的单糖

（c）含有一个醛基和五个碳原子的双糖

（d）含有一个醛基和六个碳原子的单糖

2. 含有手性碳原子的两种结构：

（a）互为镜像且不重叠

（b）编号最大的手性碳原子上互为镜像且不重叠

（c）互为镜像，可以重叠

（d）编号最大的手性碳原子上互为镜像，可以重叠

3. 在费歇尔投影式中，D-型糖：

（a）距离羰基最远的手性碳原子上的—OH 基位于右侧

（b）距离羰基最远的手性碳原子上的—OH 基位于左侧

（c）距离羰基最远的手性碳原子上的—OH 基位于左侧，仅适用于己糖

（d）距离羰基最远的手性碳原子上的—OH 基位于右侧，仅适用于含醛基糖类（如葡萄糖）

4. 在哈沃斯投影式中，α-异构体和 β-异构体的—OH 基团位于：

（a）D-型糖中，分别位于环平面的下方和上方

（b）D-型糖中，分别位于环平面的上方和下方

（c）氨基糖中，分别位于环平面的下方和上方

（d）L-型糖中，分别位于环平面的下方和上方

5. 吡喃糖最稳定的构象是：

（a）船式构象

（b）椅式构象

（c）直线构象

（d）线圈状构象

6. 糖醛酸是：

（a）由单糖与醛基氧化生成的酸

（b）由单糖与醛基还原生成的酸

（c）单糖末端—OH 氧化生成的酸

（d）单糖 C1 处—OH 氧化生成的酸

7. 醛糖酸是：

（a）醛糖分子中的酮基氧化生成的羧酸

（b）醛糖分子中的醛基氧化生成的羧酸

（c）酮糖分子中的醛基氧化生成的羧酸

（d）酮糖分子中的酮基氧化生成的羧酸

8. 还原糖：

（a）异头碳可以自由地发生反应，如葡萄糖

（b）异头碳可以自由地发生反应，如蔗糖

（c）手性碳可以自由地发生反应，如葡萄糖

（d）异头碳可以酯化，如葡萄糖

9. 单糖还原的产物：

（a）糖醇

（b）糖醛酸

（c）酯

（d）醚

10. 糖苷键连接两个或两个以上的：

（a）糖苷酸

（b）单糖

（c）仅在氧化酶条件下的还原糖

（d）仅在哈沃斯投影式中的单糖

2.6.2　选择题-多糖

1. 同多糖和杂多糖由：

（a）一种或几种不同的单糖分子构成

（b）几种不同的或一种单糖分子构成

（c）分别由直链或侧链构成

（d）分别由侧链或直链构成

2. 淀粉包括：

（a）直链淀粉和果胶

（b）多直链淀粉和葡萄糖

（c）直链淀粉和支链淀粉

（d）淀粉酶和支链果胶酶

3. 淀粉是由：

（a）（1→4）和（1→6）糖苷键相连的葡萄糖构成

（b）（1→4）和（1→6）糖苷键相连的葡萄糖和果糖构成

（c）（1→4）糖苷键相连的葡萄糖构成

（d）（1→6）糖苷键相连的葡萄糖构成

4. 改性淀粉可以：

（a）减缓老化

（b）用作乳化剂

（c）改善糊化特性

（d）所有都是

5. 淀粉糊化是：

（a）淀粉颗粒内部分子结构被破坏

（b）高浓度下，淀粉形成凝胶

（c）改性淀粉在加热过程中形成凝胶

（d）形成质地改善的黏性溶液

6. 淀粉的老化主要因为：

（a）直链淀粉在冷却过程中再结晶

（b）支链淀粉在冷却过程中再结晶

（c）直链淀粉在加热过程中再结晶

（d）支链淀粉在加热过程中再结晶

7. κ-卡拉胶：

（a）硫酸酯含量约50%，不会形成凝胶

（b）硫酸酯含量约25%，会形成凝胶

（c）硫酸酯含量约10%，不会形成凝胶

（d）硫酸酯含量约30%，会形成凝胶

8. 海藻酸盐的凝胶形成机理被称为：

（a）纸箱模型

（b）瓦楞纸箱模型

（c）蛋盒模型

（d）比萨盒模型

9. 果胶：

（a）由古罗糖醛酸和甲基化的古罗糖醛酸组成

（b）由半乳糖醛酸和支链淀粉组成

（c）由半乳糖醛酸和甲基化的半乳糖醛酸组成

（d）由直链淀粉、支链淀粉和半乳糖醛酸组成

10. 常见的纤维素衍生物取代基有：

（a）羧乙基、乙基、羟丙基、羟丙乙基

（b）羧基、甲基、羟基、羟乙酰基

（c）羧甲基、甲基、羟丙基、羟丙甲基

（d）羧乙酰基，乙酰基，羟乙酰基，羟丙乙酰基

2.6.3 简答题-深入阅读

1. 定义单糖中的立体异构体。针对每种情况画一组结构，并指出它们的区别。

2. 画出 D-葡萄糖/D-甘露糖和 D-核酸糖/D-阿拉伯糖的费歇尔投影式。将碳原子从 1 到 5 或 6 正确编号，标出手性碳和羰基。

3. 写出生成半缩醛的化学反应。单糖分子内这种化学反应会产生什么？

4. 画出 α-D-葡萄糖和 β-D-葡萄糖的哈沃斯投影式。将碳原子从 1 到 6 正确编号，标出异头碳。对 α-L-葡萄糖和 β-L-葡萄糖做同样地操作。

5. 在线阅读：网上搜索以下术语并将其与糖的相关性质联系起来："旋光性"、"右旋"和"左旋"。前缀"d-"和"D-"、"l-"和"L-"的区别分别是什么？

6. 画出 α-D-葡萄糖的椅式构象。确定直立键和平伏键以及对称平面。符号 $^4C_1$ 和 $^1C_4$ 代表什么意思？刚才画的 α-D-葡萄糖的结构是 $^4C_1$ 还是 $^1C_4$？

7. 画出棉子糖的分子结构，并指出其糖苷键的类型。

8. 画出 D-甘露糖的分子结构。画出其氧化后产生的醛糖酸、醛糖二酸和糖醛酸的分子结构。

9. 画出木糖醇的分子结构，讨论生成木糖醇的化学反应。

10. 画出麦芽糖和蔗糖的分子结构，并指出它们的异头碳。解释为什么蔗糖不是还原糖。

11. 画出并讨论苦杏仁苷的分子结构，确定键的类型。说出三种黄酮苷。

12. 在线阅读：网上搜索甜菊糖苷的结构并确定其苷元。

13. 在线阅读：网上搜索术语"双折射"和"马耳他十字"以及与淀粉的关系。

14. 画出壳多糖的分子结构，标出结构中的乙酰基、胺基以及糖苷键的类型。

15. 画出并描述支链淀粉的分子结构，并指出结构上糖苷键的类型。

16. 画出羟丙基淀粉和 OSA 淀粉的分子结构，并指出官能团和官能团发生取代的位置。

17. 画出并描述淀粉糊化曲线。

18. 画出并讨论海藻酸盐和低酯果胶的凝胶机理，并说出两种添加果胶凝胶的食品。

19. 说出瓜尔胶、阿拉伯胶和黄原胶中主要含有的单糖，并分别列举两个食品应用的例子。

20. 什么是半纤维素？画出阿拉伯糖基木聚糖的分子结构，并指出其异头碳。

21. 延伸阅读：阅读书籍 *Handbook of Hydrocolloids*［《胶体手册》（第三版）］第 25 章卡拉胶（第 767 – 804 页）（2021）；作者：Tuvikene，R.，G. O. Phillips，P. A. Williams（编）：英国伍德海德出版社。
- κ-卡拉胶形成凝胶的机制。
- K^+ 在 κ-卡拉胶形成凝胶的过程中发挥什么作用？
- 描述卡拉胶与牛奶蛋白的相互作用。
- 描述卡拉胶与槐豆胶的相互作用。
- 说明卡拉胶在非乳制品和乳制品食品中的功能特性。

2.6.4　填空题

1. 含有＿＿＿＿＿＿＿＿个不同基团的碳原子的分子称为手性碳，用＿＿＿＿＿＿＿＿

表示。

2. 两个同分异构体存在镜像反射的对称性，这样的结构则称为_____，它们互为_____。

3. 单糖中含有醛基和醇基，它们可以发生反应形成_____。

4. 在哈沃斯投影式中，D-型单糖α-异构体的—OH基团位于环平面_____，而β-异构体的—OH基团则位于环平面_____。

5. 吡喃葡萄糖两种典型的构象为_____构象和_____构象。

6. 末端的—OH被氧化，而醛基不受影响，这种分子称为_____。

7. 当单糖被氧化时，另一种化合物被还原。由于这种特性，单糖也被称为_____。

8. 如果同一分子中只含有一种糖苷键，多糖链可能呈_____；如果同一分子中含有多种糖苷键，多糖链可能带_____。

9. 多糖按功能可分为两种：一是_____，二是_____。

10. 颗粒较大，似透镜状的淀粉颗粒称为_____。颗粒较小，呈球形的淀粉颗粒称为_____。

11. 改性淀粉指利用_____或_____手段来改变其_____。

12. 老化指_____和_____的_____。

13. 纯葡萄糖的葡萄糖值为_____，而淀粉的葡萄糖值为_____。

14. _____通常用于稳定乳品甜点或冰激凌中的可可颗粒。

15. 果胶主要由_____和_____组成。

16. 果胶可以分为两种类型：_____（$DE > 50\%$）和_____（$DE < 50\%$）。

17. 阿拉伯胶通常用于乳化_____油。

18. 黄原胶在_____浓度下形成高黏性溶液。

19. _____存在于螃蟹和龙虾的壳中。

20. 阿拉伯糖基木聚糖是_____的典型代表。

第3章 蛋白质-酶

学习目标

- 根据氨基酸的化学结构对其进行分类
- 描述氨基酸和蛋白质的带电状况与 pH 值的关系
- 根据溶解度和来源对蛋白质进行分类
- 讨论蛋白质的结构层次
- 讨论蛋白质的变性和水解
- 讨论蛋白质在食品加工中的功能特性
- 描述酶促反应的机理
- 讨论影响酶促反应的因素
- 描述常用酶与其底物的关系

3.1 概述

蛋白质是细胞组分中含量最为丰富、功能最多的大分子物质。例如，蛋白质可以提供能量、参与食物消化或肌肉收缩。从营养学角度来看，蛋白质能够提供维持生命和身体功能所需的氨基酸。食品蛋白质必须来自蛋白含量高且适合进行加工的食物。例如，马铃薯具有很高的生物学价值，因为其蛋白质中含有人体所必需的氨基酸。但是，马铃薯的蛋白质含量极低，提取蛋白质的商业价值不大。相比之下，乳清蛋白富含人体所需氨基酸，且在奶酪生产过程中非常容易提取，而且能进行加工以便日后进一步使用（如乳清蛋白粉）。食品中的蛋白质从来源上分为植物性蛋白质和动物性蛋白质两大类。某些蛋白质在获取后，仅需简单加工便可食用（如牛奶或牛排），有些蛋白质则先需要通过技术手段进行提取，再应用到食品配方中（如制作蛋糕时添加的乳清蛋白），还有些则被加工成特色食品（如奶酪、冷火腿或豆腐）。动物性蛋白质主要来源于肉、蛋、奶及鱼类等；植物性蛋白质主要来源于黄豆，而新的植物性蛋白质来源仍在不断探索中，如豌豆、菜豆或扁豆。人类对高质量优质蛋白质的不懈追求，激励着研发人员坚持不懈地探索蛋白质新的来源，包括微生物（微生物蛋白）、昆虫、藻类，甚至实验室培养的蛋白质（人造肉）。虽然找到营养价值相当的替代蛋白质的食物来源并不难，但是技术能力不足（或无法达到）是它们无法被广泛使用的最大原因，例如水溶性低、有异味、结构形成不稳定、氧化稳定性差等。此外，这些食物来源的感官体验和整体属性并不能满足消费者的需求。例如，藻类蛋白带有鱼腥味，昆虫蛋白目前还难以被消费者接受。

食品蛋白质科学不同于其他科学领域（如人类或动物生物学）的蛋白质生物化学学科，因为它主要是从材料科学的角度去分析蛋白质的特性。例如，食品科学家应该能够灵活控制食品中蛋白质形成的结构（如凝胶或乳剂），从而延长食品的保质期或改善食品的口感。因此，食品科学家用于研究蛋白质功能的工具和技术不仅仅会涉及生物化学（如氨基酸序列、结构特性等），还会涉及材料科学（如流体学、量热法或粒度分布特征分析）。另一个明显的区别在于蛋白质的量值和纯度。生化学家通常关注的是在十分精确的条件下分离出的那几毫克纯蛋白质。而食品科学家涉及的蛋白质一次就可能多达数公斤，这些蛋白质可能同时包含糖类、脂类和其他化合物。无论是哪种方式，研究蛋白质这门学科都必须以生物化学学科作为基础，然后不断向材料科学领域扩展。

3.2 氨基酸

氨基酸是蛋白质分子的组成单位，由一个氨基（—NH_2）、一个羧基（—COOH）、一个氢原子（H）、一个侧链（R），连接在 α-碳原子上构成 [图 3-1 （a）]。当这个侧链 R 不是氢原子时，这 4 个与碳原子相连的基团全都不同，这样的氨基酸叫作手性氨基酸。在构成蛋白质的所有氨基酸中除了甘氨酸没有手性，其余的氨基酸都具有手性。所以氨基酸有 D 型和 L 型两种构型，类似于碳水化合物，可以采用费歇尔投影式来画出它们的结构。按费歇尔投影式：羧基在上方，氨基在左侧的是 L 型氨基酸，氨基在右侧的是 D 型氨基酸。所有的天然氨基酸都是 L 构型，所有的天然单糖都是 D 构型。

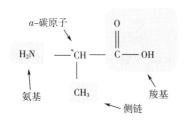

（a）α-氨基酸的结构。α-碳原子有四个不同的取代基，具有手性

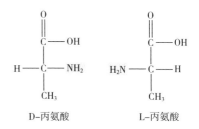

（b）D-丙氨酸和L-丙氨酸的费歇尔投影式

图 3-1　氨基酸

　　各种氨基酸的区别在于侧链 R 基的化学性质不同。通常根据侧链 R 基的化学结构或性质将氨基酸进行分类，最常见的分类方式是根据侧链的理化性质，将氨基酸分为四类：极性氨基酸、非极性氨基酸、酸性氨基酸和碱性氨基酸。非极性氨基酸（疏水氨基酸）的侧链 R 基主要是碳氢，且不带电荷（图 3-2）。非极性氨基酸中侧链含烃链的分为两种：芳香族（即色氨酸和苯丙氨酸）和脂肪族（即甘氨酸、半胱氨酸、蛋氨酸、丙氨酸、缬氨酸、亮氨酸、异亮氨酸和脯氨酸）。非极性氨基酸在水中的溶解度较小，能发生疏水作用。氨基酸采用单字母或三字母缩写表示，这在描述蛋白质的氨基酸序列信息时非常有用。

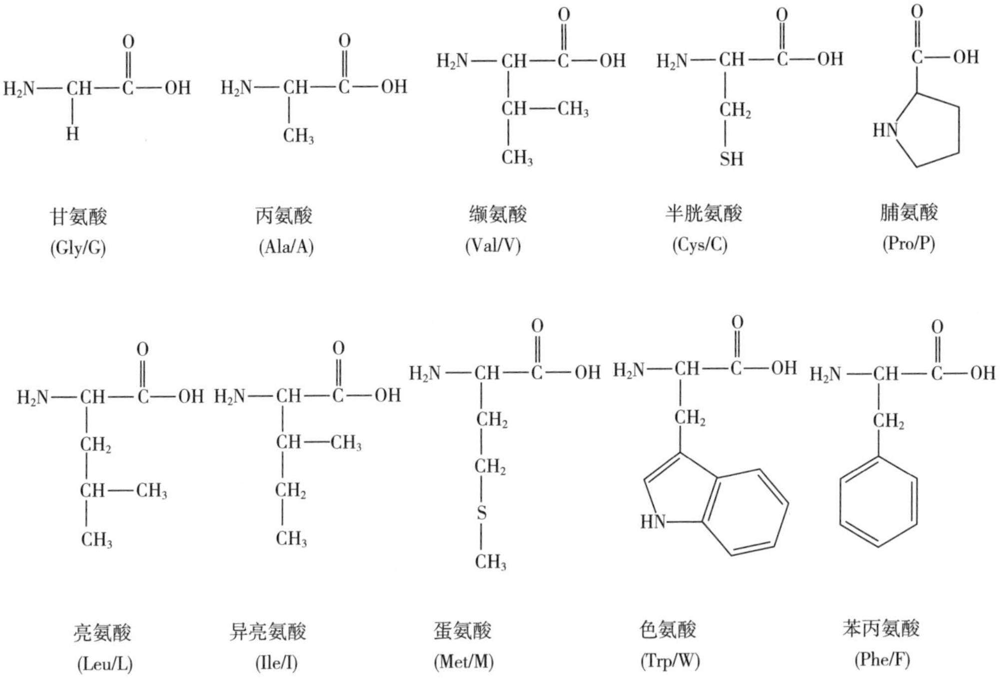

图 3-2　非极性氨基酸

括号中的字母为非极性氨基酸单字母或三字母的缩写

　　极性氨基酸（亲水氨基酸）侧链 R 基含有—OH 和/或酰胺基团，可以与水形成氢键（即丝氨酸、苏氨酸、酪氨酸、天冬酰胺和谷氨酰胺）（图 3-3）。在 pH 值 7.0 时，酸性氨基酸带负电荷（如天冬氨酸、谷氨酸），而碱性氨基酸（如赖氨酸、精氨酸、组氨酸）带正电荷，且可发生离子相互作用（图 3-4）。氨基酸也可以按照营养学分为必需氨基酸、非必需氨基酸（即 A、D、N、E、S）或有条件必需氨基酸。这种分类对于某些需要保证营养均衡的食品配方而言十分有必要。必需氨基

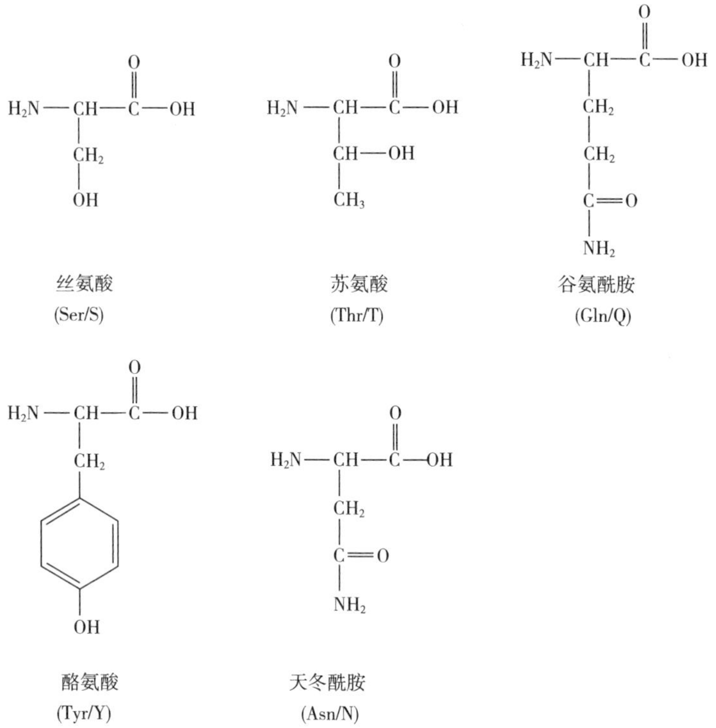

图 3-3　极性氨基酸

括号中的字母为极性氨基酸单字母或三字母的缩写

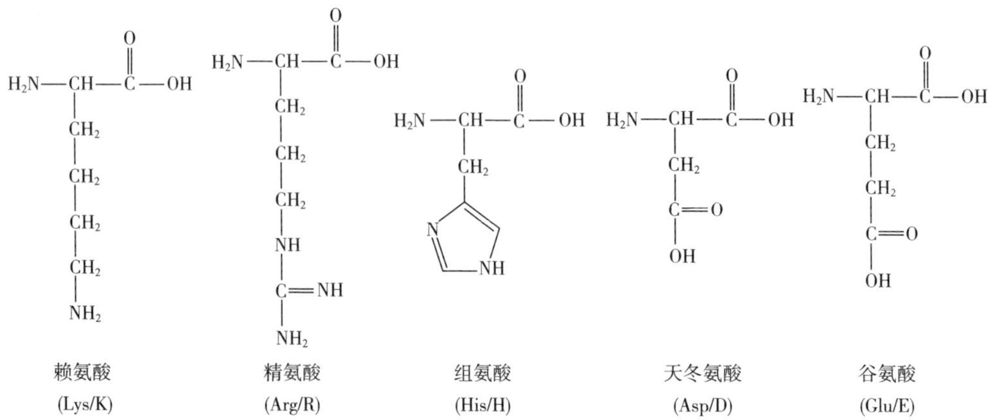

图 3-4　pH=7.0 时，带正电（Lys，Arg，His）和带负电（Asp，Glu）的氨基酸

括号中的字母为氨基酸单字母或三字母的缩写

酸是人体不能合成，必须从膳食中补充的氨基酸（即 H、I、L、K、M、F、T、W、V）。条件必需氨基酸是在某些情况下（如疾病或早期发育）需要从外部补充的氨基酸（即 R、C、Q、G、P、Y）。限制性氨基酸是指按人体需要其含量在食物中相对不足的必需氨基酸。大多数植物蛋白质都含有限制性氨基酸，例如，谷物、坚果和种子中的赖氨酸，谷物中的苏氨酸，豆类中的蛋氨酸，玉米中的色氨酸。

　　氨基酸的一个重要特征是：氨基酸的带电状况取决于所处环境的 pH 值。因此，氨基酸具有两性，主要以两性离子形式存在，即氨基酸既能与酸反应，又能与碱反应。在酸性条件下（pH 值低），氨基被电离，氨基酸带正电荷。相反，在碱性条件下（pH 值高）羧基被电离，氨基酸带负电荷。等电点（pI）指氨基酸净电荷为零时的 pH。氨基酸在等电点时，主要以两性离子形式存在（图 3-5）。氨基酸转换（从正电荷到两性离子再到负电荷）的确切 pH 取决于其结构形式和解离常数值（pK_a）。氨基酸最多有三个解离常数值：α-羧基（pK_{COOH}），α-氨基（p$K_{NH_3}+$）和侧链（pK_R）。我们可以用 pK_{COOH} = 2.4 和 p$K_{NH_3}+$ = 9.7 的丙氨酸来证明氨基酸电离的状况（图 3-5）。首先，将丙氨酸溶于 pH 为 1.0 的缓冲液中。在这个 pH 值下，丙氨酸带正电荷，因为 pH 值低于 pK_{COOH} 和 p$K_{NH_3^+}$。然后，加入 NaOH，将 pH 值提高至 2.4。当 pH 值> 2.4 时，α-羧基中的氢解离，此时 α-氨基带一个正电荷，α-羧基处于解离状态而带一个负电荷，氨基酸以偶极离子形式存在（图 3-5）。之后，继续加入 NaOH，直至 pH 值略高于 9.7。当 pH 值> 9.7 时，α-氨基中的氢解离，正电荷消失，氨基酸带负电荷。当 pH 值在 2.4 ~ 9.7 之间时，丙氨酸以两性离子的形式存在，净电荷几乎为零。氨基酸的等电点可以通过以下公式进行计算：

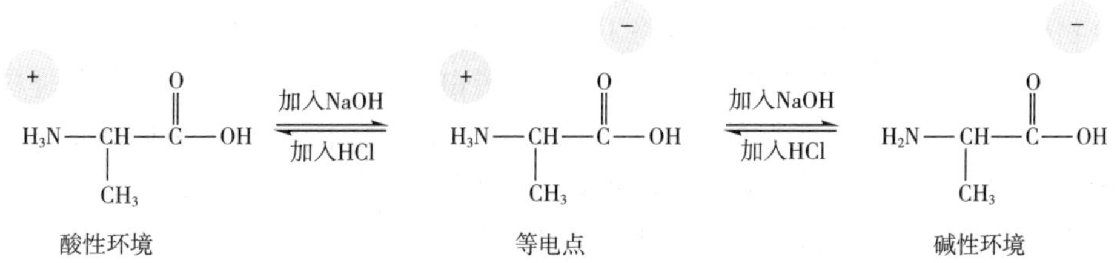

图 3-5　氨基酸的两性性质

带电状况取决于所处环境的 pH 值。等电点是净电荷为零时所在溶液的 pH 值

$$pI = \frac{pK_{COOH} + pK_{NH_3^+}}{2}（侧链不带电）$$

$$pI = \frac{pK_{COOH} + pK_R}{2}（酸性），\quad pI = \frac{pK_{NH_3^+} + pK_R}{2}（碱性）$$

根据上述 pK_a 值和第一个方程，丙氨酸的等电点 pI = 6.0。每个氨基酸的

pK_{COOH}、$pK_{NH_3^+}$ 和 pK_R 值都可以在网上查到。因为氨基酸水溶液的 pH 值与氨基酸电离形式之间的关系影响着蛋白质的性质，在继续深入学习之前，请正确理解它们之间的关系。

氨基酸含有 α-羧基和 α-氨基，因而能发生氨基和羧基相关的化学反应（如酯化反应或与氨的反应）。而氨基酸侧链基团的反应性更为重要，因为氨基酸结合成蛋白质时，其 α-羧基和 α-氨基已参与蛋白质的肽键的形成，不会再参与其他反应（肽键的形成见下文）。因此，只有侧链上的基团会参与反应。氨基酸的特征反应在食品配方中很重要，因为在食品加工和储存过程中，氨基酸会与食品中的其他成分发生反应，从而改变食品的性质。肽键、二硫键和希夫碱的形成则是其中最重要的反应。

在蛋白质分子中，氨基酸之间以肽键相连。肽键是一个氨基酸的 α-羧基与另一个氨基酸（相同或不同的氨基酸）的 α-氨基脱水缩合形成的化学键（图 3-6）。同时，在新形成的分子链一端带—NH_2 基团（N 端），另一端带—COOH 基团（C 端）。按照惯例，N 端画在左边，C 端画在右边。

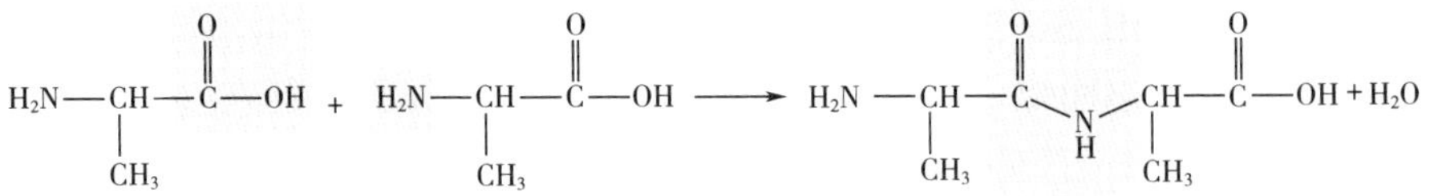

图 3-6　两个氨基酸之间肽键的形成

两个氨基酸以肽键相连形成的化合物称为二肽；三个氨基酸以肽键相连形成的化合物称为三肽，以此类推。通常将 11~50 个氨基酸残基组成的肽则会形成多肽，由 50 个以上的氨基酸残基组成的肽则会形成蛋白质。多肽通常在食品发酵过程中形成，对食品的口味既有好的也有不好的影响。在某些情况下，可能形成苦味肽（例如，三肽：亮氨酸-亮氨酸-亮氨酸），从而产生不好的感官体验，造成产品损失。当然，发酵过程中也可能会形成生物活性肽，或天然存在于食品中，为身体健康带来好处（如酪蛋白水解物）。复合肽组合物的蛋白质水解物通常用作食品添加剂（详见第 8 章）。某些肽，如阿斯巴甜和纽甜二肽，自身带有甜味，常被用作人工甜味剂。细菌素是某些细菌产生的一类具有抑菌活性的多肽或小分子蛋白，乳酸链球菌素是一种被批准用作食品防腐剂的细菌素。

半胱氨酸是一种高活性、含巯基（—SH）的氨基酸。两个半胱氨酸的巯基容易氧化生成胱氨酸（图 3-7）。两个巯基被氧化而形成的—S—S—形式中硫原子间的键称为二硫键或二硫桥，它对蛋白质的稳定性以及食品配料的各种技术应用都十分重要。例如，小麦面粉能做面包主要的原因就是面筋蛋白肽链之间的二硫键。

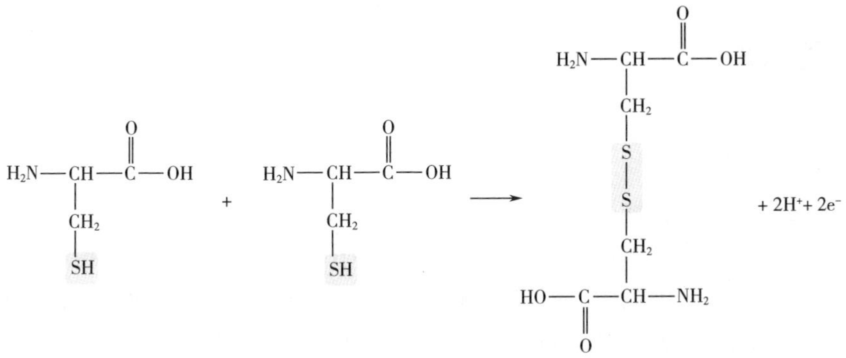

图 3-7　半胱氨酸中的二硫键。产生的二肽称为胱氨酸

氨基酸的游离氨基可以与醛或酮反应生成席夫碱（亚胺）（图 3-8）。席夫碱是一种分子中含有碳–氮双键的化合物。由于氨基酸与还原糖的存在，席夫碱经常出现在食品中。席夫碱是美拉德反应的重要中间产物，其化合物会产生丰富的色泽和独特的香味（见第 6 章）。但是赖氨酸是一种必需氨基酸，在美拉德反应过程中，生成赖氨酸–席夫碱的同时，赖氨酸含量出现下降，从而导致食品营养价值降低。最后，氨基酸可以与茚三酮发生显色反应，所以茚三酮可用于测定游离氨基酸的含量。

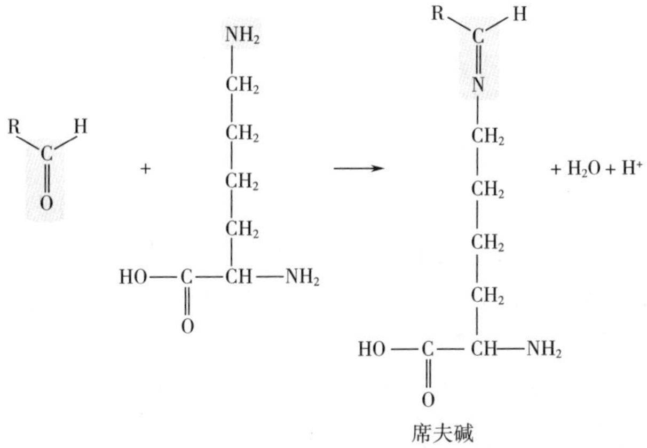

图 3-8　赖氨酸形成席夫碱（氨基酸的氨基可以与羰基反应生成含有碳–氮双键的化合物）

3.3 蛋白质

3.3.1 蛋白质的分类

与其他分子相比，食品中蛋白质具有功能多样性，且可以按功能进行分类。酶在食品的加工和储藏中很重要，这将在下一章节中讨论。结构蛋白是构成动物皮肤或结缔组织的一类纤维蛋白，如角蛋白或胶原蛋白。经过适当的加工后，胶原蛋白可以转化为明胶（一种食品工业中重要的添加剂）。肌球蛋白或肌动蛋白等收缩蛋白存在于肌肉组织中，控制着肌肉的收缩，它是食用动物源食品时摄取的主要蛋白质。例如，"牛排"指从牛胴体上切下来的肌肉组织，它主要由肌纤维蛋白（肌球蛋白和肌动蛋白约 50%）、肌浆蛋白（酶和肌红蛋白约 30%）和结缔组织（例如胶原蛋白约 15%）组成。储藏蛋白（蛋类蛋白、种子蛋白或牛奶蛋白）涵盖了食品工业中使用的绝大多数蛋白质。保护性蛋白质（毒素，过敏原）对过敏物质（如黄豆或谷蛋白）或这些过敏源导致某种疾病（如肉毒中毒）具有重要意义。激素（如胰岛素或生长激素）、转运蛋白和抗体是负责体内各种代谢活动的蛋白质，但是它们不适用于食品中。

蛋白质也可以根据溶解度进行分类。白蛋白可溶于无盐的中性水，而球蛋白可溶于中性盐溶液。谷蛋白可溶于稀酸或稀碱性溶液，而脯氨酸可溶于 50%～90% 乙醇。这种分类方法称为奥斯本门德尔蛋白质分类方法，它对绝大多数食物蛋白质进行了分类，所以非常重要。

大多数食物蛋白质可溶于水，而谷蛋白和麦胶蛋白（谷蛋白的主要蛋白质组分）不溶于水，但是它们加水时能形成强大的面筋网络，从而应用于烘焙食品中。此外，谷蛋白可溶于稀酸，而麦胶蛋白可溶于乙醇。

根据其来源，蛋白质通常有专有的名称，特别是作为蛋白质的主要来源时（表 3-1）。例如，乳清蛋白不是单一的蛋白质，它是由大约 65% 的 β-乳球蛋白、25% 的 α-乳清蛋白和 8% 的牛血清白蛋白组成的混合物。表 3-1 没有列出所有蛋白质，因为有些蛋白质会作为特殊用途使用。考虑实用性，表中列出的蛋白质是我们每天基本都会食用的蛋白质。食品含有复杂的蛋白质组成，比如由小麦、鸡蛋和牛奶制成的蛋糕，我们食用的是谷蛋白、鸡蛋和牛奶含有的蛋白质。

表 3-1 蛋白质的主要食物来源

食物来源		主要蛋白质
肉类/鱼类	肌肉组织	肌球蛋白、肌动蛋白
	结缔组织	胶原蛋白，也可以加工成明胶

续表

食物来源		主要蛋白质
蛋类	蛋白	卵清蛋白，卵转铁蛋白，卵类黏蛋白，卵黏蛋白和溶菌酶
	蛋黄	低密度脂蛋白（卵黄脂磷蛋白）、高密度脂蛋白、卵黄球蛋白、卵黄高磷蛋白
牛奶	酪蛋白	$\alpha_{s1}-$、$\alpha_{s2}-$、$\beta-$ 和 $\kappa-$ 酪蛋白
	乳清	$\beta-$ 乳球蛋白，$\alpha-$ 乳清蛋白，牛血清白蛋白和免疫球蛋白
面筋	麦谷蛋白	高分子量亚基和低分子量亚基
	醇溶蛋白	$\alpha-$、$\gamma-$ 和 $\omega-$ 醇溶蛋白
黄豆		$\beta-$ 伴大豆球蛋白，大豆球蛋白（11S）
大豆、豌豆、扁豆和其他豆类		豆球蛋白，豌豆球蛋白
坚果类和昆虫类		特征不足，没有分类

注　表中的蛋白质是常见的、经常食用的蛋白质。

3.3.2　蛋白质的结构

蛋白质结构可分为一级、二级、三级和四级四个层次。蛋白质一级结构是指多肽链中氨基酸的序列（图 3-9）。对于一条含有 20 种不同氨基酸的多肽，其中每种氨基酸仅出现一次，其可能的顺序组合数是 2×10^{18} 种肽链，这些肽链结构不同、化学性质也不同。多肽链中氨基酸的序列及其相互作用决定了蛋白质的二级结构。

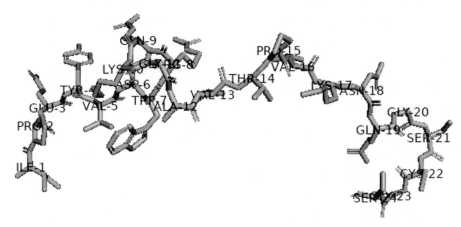

图 3-9　含 24 个氨基酸的多肽链，第一个是异亮氨酸（ILE，编号 1），
最后一个是丝氨酸（SER，编号 24）

从 1 到 24 的序列组成该肽链的一级结构。改变一个氨基酸的顺序会产生不同的一级结构

蛋白质二级结构是指多肽主链沿轴盘旋或折叠而形成的特定的空间构象，维持二级结构的主要作用力为氢键。多肽链在二级结构基础上盘曲折叠形成相对独立的三维结构。蛋白质的多肽链在水环境中折叠的时候，疏水基团会被折叠在蛋白质的内部，而亲水基团会暴露在蛋白表面。常见的二级结构有 α-螺旋结构和 β-折叠结构。

α-螺旋结构具有一定的刚性，肽链以螺旋状盘卷前进，由方向与螺旋长轴基本平行的氢键所稳定（图 3-10）。每个氨基酸的氨基和第四个残基的羧基之间形成氢键。α-螺旋每圈包含 3.6 个氨基酸残基，螺距为 0.54nm，即螺旋每上升一圈相当于向上平移 0.54nm。

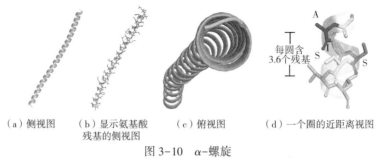

（a）侧视图　（b）显示氨基酸　（c）俯视图　（d）一个圈的近距离视图
　　　　　　残基的侧视图

图 3-10　α-螺旋

A、I、S 分别表示丙氨酸、异亮氨酸和丝氨酸。每圈（峰到峰）包含 3.6 个氨基酸残基，用不同的颜色区分

α-螺旋具有两亲性，即螺旋的一边疏水，另一边亲水。α-螺旋整体的疏水性主要由其侧链基团决定。疏水性的侧链会尽量避开水相，趋向于埋藏于蛋白质分子内部；而亲水性的侧链则会更多的暴露于溶剂中。氨基酸 R-基团伸向螺旋外侧[图 3-10（b）]。这种构象最大程度地减少疏水性的侧链与水分子的接触面积，同时又最大程度地增加了与外部分子的接触面积，从而稳定了 α-螺旋的结构。所有的氨基酸均可参与组成 α-螺旋结构，脯氨酸除外，脯氨酸是 α-螺旋的破坏者。

β-折叠结构是一种比较伸展、呈锯齿状的肽链结构，又称 β-片层结构。β-片层结构由多个 β-链组成。β-链由伸展的多肽链组成，一个 β-链单位通常包含 3 到 10 个氨基酸残基[图 3-11（a）]。β-片层结构通过链间氢键相连[图 3-11（b）]，邻近两个 β-链以相同方向（平行式）或相反方向（反平行式）平行排列（图 3-12）。

许多蛋白质既含有 α-螺旋结构，又含有 β-折叠结构，称为基序结构。例如，一个蛋白质可能含有 βαβ 单元，即两个平行的 β-折叠结构由一个 α-螺旋结构连接。β-转角是多肽链中的二级结构，它连接蛋白质分子中的二级结构（α-螺旋和 β-折叠），使肽链走向改变（图 3-12）。脯氨酸和甘氨酸常存在于 β 转角中。其他常见

 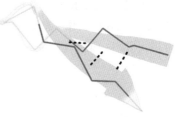

（a）两条β–链（氨基酸为蓝色）　　（b）沿着多肽主链的方向呈锯齿形线（红线）

图 3-11　β–片层结构

相邻两条β–链通过氢键相连（黑色虚线），图中三个氢键维持结构稳定

反平行式β–链　　　　　平行式β–链　　　　　无规卷曲

图 3-12　平行式和反平行式β–链；蛋白质的无规卷曲；β–链连接成环

的基序结构包括β–曲折、β–桶状、αα–单元或希腊钥匙（回纹式）。最后，无规卷
曲是多肽链一些没有特定形状、无规则排列、随机、松散的构象（图 3-12）。如
图 3-13所示，木瓜蛋白酶和卵清蛋白是由两个不同二级结构连接形成的蛋白质。

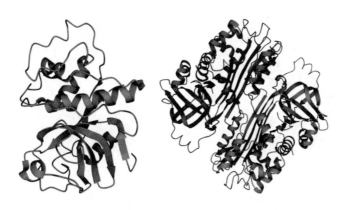

图 3-13　木瓜蛋白酶（左）和卵清蛋白（右）的结构

组成蛋白质的α–螺旋结构、β–折叠结构和无规卷曲的二级结构比较容易区分。图片采用 PyMOL 软件
根据 PDB 统一编码 9PAP 和 1OVA 绘制

　　整个多肽链的三维构象（多肽链紧密折叠形成紧密结构）称为蛋白质的三级结
构，如图 3-13 中的木瓜蛋白酶。常见的三级结构有两种：纤维状结构和球状结构。
纤维状蛋白外形呈细棒状，能量较高，pH 值较为稳定；而球状蛋白外形呈球状。

三级结构主要是靠疏水作用（疏水氨基酸相互作用以避免与水分子接触）、正负电荷基团之间的静电作用（盐桥）、氢键作用、二硫键作用（两个半胱氨酸相互反应）维持（图3-14）。

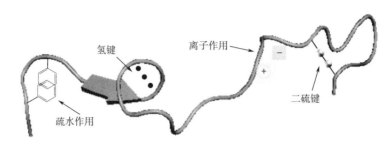

图 3-14 维持蛋白质三级结构的作用力

最后，具有两条和两条以上多肽链的蛋白质才可能具有四级结构，即多个蛋白质亚基的排列组合（图3-15）。这些蛋白质由低聚物组成，低聚物是两个或两个以上单体亚基通过非共价键结合而成的大分子复合体。二、三、四种单体亚基通过疏水作用分别形成二聚体、三聚体、四聚体。例如，大豆的 β-伴大豆球蛋白和大豆球蛋白或牛奶的 β-乳球蛋白。

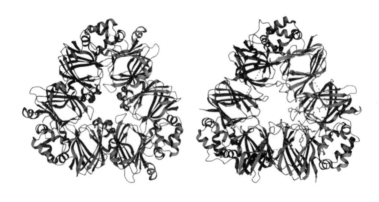

图 3-15 黄豆 β-伴大豆球蛋白（左图）和大豆球蛋白（右图）的
四级结构形成三聚体（绿色、棕色和蓝色）
它们的结构很相似，因为都属于豌豆球蛋白，即大豆或豆类的贮藏蛋白。通过查看一级结构可以发现
它们的不同之处。图片采用 PyMOL 软件根据 PDB 统一编码 1UIK 和 2PHL 绘制

3.3.3 蛋白质结构的变化：变性和水解

蛋白质的结构在加工、储存或食物消化过程中可能会发生变化。蛋白质变性是

指其二级结构、三级结构或四级结构发生改变或遭到破坏，从而导致蛋白质结构的展开（图 3-16）。蛋白质变性不涉及肽键的断裂，它通常（但不总是）是可逆的。

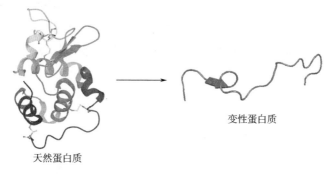

变性蛋白质

天然蛋白质

图 3-16　蛋白质变性，结构展开，无肽键断裂

蛋白质变性会影响其结构和功能。蛋白质凝固或凝胶是蛋白质分子的聚集现象，是变性的蛋白质分子间排斥和吸引相互作用力相平衡的结果，最常见的原因是高温或 pH 值的变化引起。随着蛋白质的结构展开，埋藏于蛋白质分子内部的疏水性氨基酸暴露于溶剂中，通过疏水作用形成凝胶。例如，在生产酸奶过程中，当 pH 值降低时，牛乳蛋白发生凝固；加热时，鸡蛋蛋白发生变性。需要注意的是，食品加工过程中，导致蛋白质变性最常见的两个因素是温度（热量）和 pH 值的变化。此外，变性还会导致酶的生物活性的丧失。因此，在食品加工中，可以通过高温使酶失去活性，延长食品的保质期。例如，大多蔬菜在冷冻前要进行低温烫漂，使蔬菜中天然存在的酶变性失活。否则，即便在零度以下储存，蔬菜也会发生变质，因为蔬菜中的酶在低温下仍具有一定活性。又如，胃肠道中的酶可以消化变性的蛋白质。所以，蛋白质的变性会增加氨基酸和与该蛋白质相关的化合物的生物利用率（如铁）。对某些食物（如金枪鱼罐头）进行高温处理，使其蛋白质变性，会让食物更易于消化，具有更好的感官体验和微生物稳定性。最后，随着蛋白质的结构展开，疏水性氨基酸暴露于溶剂中，这促进蛋白质的乳化功能和起泡功能，从而使它们在某些食品配方（如沙拉酱）中不可替代。

蛋白质的凝胶

类似于多糖，蛋白质在适当的条件下会形成凝胶。凝胶化作用是蛋白质最重要的功能特性之一，对食品结构的形成具有重要意义，简而言之，凝胶能够把食品的各组分黏合在一起。如果没有蛋白质凝胶，大部分食品就会像厚厚的蛋奶糊一样。形成食品凝胶最常见的方法是加热。加热会引起蛋白质变性，使反应基团更易暴露，从而有利于蛋白质链之间分子间的相互作用。同样，所涉及的作用力与多糖形成凝胶时的作用力相同（即氢键作用力、离子力和疏水作用力）。由于大多数蛋白质中含有疏水氨基酸，蛋白质的疏水作用比多糖凝胶中的更重要。蛋白凝胶分为颗粒凝胶和细链凝胶。颗粒凝胶（如酸奶）是不透明的，持水能力较低，而细链凝胶（如明胶）是透明或半透明的，持水能力较强。

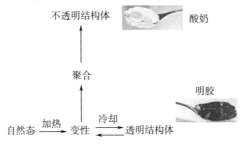

蛋白质变性由物理或化学因素引起（表3-2）。物理因素包括加热、机械剪切力、压力、辐照和水分活度。热处理是食品加工过程中最常用的方法，会导致蛋

表3-2　影响蛋白质变性的因素

因素		注解
物理因素	加热	热处理
	机械剪切力	混合、挤压、均化、高剪切精加工
	压力	可逆减压
	电离辐射	辐照加工
	A_w	热变性的稳定性随 A_w 的降低而提高
化学因素	有机溶剂	弱化疏水作用
	pH 值	蛋白质结构在碱性 pH 值下展开；在等电点（pI）时沉淀；影响静电相互作用
	尿素，盐酸胍	氢键减弱
	巯基乙醇和二硫苏糖醇	二硫键断开
	洗涤剂（如 SDS）	疏水作用减弱
	糖	热变性的稳定性增强
	盐	见 Hofmeister 序列（霍夫梅斯特序列）

白质变性，因为高温下的振动会破坏蛋白质分子内的相互作用（不会破坏肽键）。氨基酸的组成影响蛋白质的热稳定性，热稳定性好的蛋白质中通常含有较高比例的疏水性氨基酸。水能促进蛋白质的热变性，与干粉中存在的蛋白质相比，高水分食物的蛋白质更容易变性。一般来说，降低水分活度可以提高蛋白质热变性的稳定性。机械剪切力指食品加工操作过程中产生的剪切力，如搅打、摇晃、揉捏或混合等。在机械力的作用下，会破坏蛋白质结构的稳定性，导致蛋白质分子出现拉伸和变性。搅打可以导致蛋白质变性形成泡沫，从而使食品产生独特的口感（如蛋白霜）。食品非热加工中使用的液体静压力和辐照技术会破坏维持蛋白质的三级结构的作用力，从而引起蛋白质变性。高静水压力处理（HHPP）中的压力值很重要，需要升至 $1\times10^5 \sim 1.2\times10^6$ kPa。HHPP 诱导蛋白质变性的原因主要是蛋白质的柔性和可压缩性引起的，因此这种变性大多数是可逆的。电离辐射根据剂量大小可以导致蛋白质结构展开、蛋白质发生凝固甚至肽键断裂。电离辐射对食物蛋白质的影响非常复杂，与接收辐照的食物和辐照目的相关（即剂量）。

　　pH 值对蛋白质性质起着关键性作用。蛋白质分子在极端碱性 pH 环境下比在极端酸性 pH 时更易伸长，如果肽键没有发生断裂，pH 环境诱导的蛋白质变性通常是可逆的。pH 值的变化影响蛋白质的带电状态，因为蛋白质带电基团之间的静电相互作用力受到了影响，这类似于氨基酸的电离。蛋白质在等电点时（净电荷为零）最稳定。有机溶剂（如乙醇等）会削弱疏水分子间的相互作用，导致蛋白质分子展开，并出现沉淀，而静电相互作用通常会增强，但其强弱程度由蛋白质-溶剂配体决定。乙醇是唯一一种食品加工或食品发酵过程中产生的可食用有机溶剂。乙醇会诱导蛋白质变性，改变产品的稳定性和感官特性。不过，某些酒精饮料实现了蛋白质和乙醇共存（如爱尔兰奶油是奶油、可可豆和威士忌的混合物），这种食品配方本身就是一个很大的挑战。虽然乙醇是唯一的可食用溶剂，其他溶剂也可用作食品加工助剂在一定程度上影响蛋白的功能（如大豆加工过程中使用己烷）。低分子量化合物能够影响分子之间的相互作用，它们可能存在食品中，或应用在实验室中关于蛋白质方面的相关研究。例如，尿素和盐酸胍能够断裂氢键，使蛋白质发生不同程度的可逆变性。巯基乙醇和二硫苏糖醇能够破坏蛋白的二硫键，从而破坏蛋白质的三级结构。洗涤剂，例如十二烷基硫酸钠（SDS），是一种蛋白质变性剂，它们可以破坏蛋白的疏水作用，促使其空间结构展开。糖（如蔗糖）倾向于稳定蛋白质的结构，而盐对蛋白质变性的影响较为复杂，它也会引起蛋白质发生变性，因为盐离子会与蛋白质竞争与水分子结合。由于阴离子对蛋白质结构的影响大于阳离子。所以，如果盐溶液的浓度足够高，会减弱水分子与蛋白质的相互作用，破坏蛋白的水化层，使蛋白质聚集沉淀。由于盐导致蛋白质产生沉淀的现象称为盐析；而在蛋白质水溶液中，加入少量的盐，使蛋白质在水溶液中的溶解度增大的现象称为盐溶。不是所有的盐离子都能使蛋白质变性。Hofmeister 序列（霍夫梅斯特序列），又称为感胶离子序列显示了一系列盐离子对于蛋白质沉淀（或溶解）的影响（图 3-17）。食品中最常用的盐是 NaCl，它位于中间位置，所以其使蛋白质沉淀（或溶解）的能力属于中等。其他常用的无机盐包括 $NaNO_3$、$CaCl_2$ 或磷酸盐，有机盐包括柠檬酸盐、醋酸盐、苯酸盐或山梨酸盐。又如，研究常用的盐是硫酸铵，其两种离子（NH_4^+ 和 SO_4^{2-}）均位于左侧，所以它表现出非常强的蛋白质沉淀能力，常被用于分离蛋白质。

沉淀蛋白质能力强   ⟶   沉淀蛋白质能力弱
（盐析）   （溶解）

$$SO_4^{2-} > HPO_4^{2-} > Acetate^- > Citrate^- > Cl^- > NO_3^- > Br^- > I^-$$

$$NH_4^+ > K^+ > Na^+ > Li^+ > Mg^{2+} > Ca^{2+}$$

图 3-17   影响蛋白质结构稳定性的能力的阴离子和阳离子（Hofmeister 系列）

蛋白质变性不会发生肽键断裂，而蛋白质水解会导致肽键断裂，使蛋白质分解成更小的多肽或游离氨基酸（图 3-18）。蛋白质可以通过加酸加热（酸水解）或加蛋白水解酶（酶水解）催化水解。这两种水解方式的主要区别在于酸水解不具有规律性，会破坏溶液中多种氨基酸。其水解产物随酸水解条件的变化而变化（如温度、时间、酸的类型等），改变其中任何一个条件都可能会改变最终的水解产物。相反，酶水解具有专一性，只裂解一个键，水解产物相同。这两种水解方式都具有现实意义，可以针对不同的目的，选择适合的水解方法。例如，用作调味料的蛋白质水溶液可以通过酸水解产生含多肽和自由氨基酸的复杂混合物，咸味非常重。而在奶酪生产过程中，添加凝乳酶，仅裂解其中一个键。

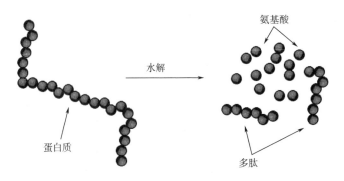

图 3-18   蛋白质水解导致肽键断裂，形成多肽和游离氨基酸

蛋白质的测定

国际上普遍采用的蛋白质测定方法是凯氏定氮法。凯氏定氮法本质上是测定食品中被酸液吸收的氮元素的含量，而不是蛋白质的含量。根据凯氏定氮原理测定需要三个步骤。消化：将蛋白质与浓硫酸反应，蛋白质的氮转化为氨并与硫酸结合形成硫酸铵。蒸馏：向硫酸铵中加入足量的碱，蒸馏释放出 NH_3（NH_4^+ 转化为 NH_3），冷凝之后收集于硼酸溶液中。滴定：计算硼酸溶液中氮的含量，然后乘以相应的换算因子，即得到蛋白质的含量。

消化

$$蛋白质 \xrightarrow[\text{加热，催化剂}]{\text{硫酸}} (NH_4)_2SO_4 + H_2O + CO_2$$

硫酸铵

蒸馏

$$(NH_4)_2SO_4 + 2NaOH \longrightarrow 2NH_3 + Na_2SO_4 + 2H_2O$$

$$NH_3 \quad + \quad H_3BO_3 \longrightarrow \quad NH_4^+ : H_2BO_3^- \quad + \quad H_3BO_3$$

氨气 　　　 硼酸 　　　　　 硼酸铵络合物 　　　 过量的硼酸

颜色变化

滴定

$$2NH_4^+ : H_2BO_3^- + H_2SO_4 \longrightarrow (NH_4)_2SO_4 + H_3BO_3$$

反向颜色变化

在分离出纯蛋白质后，可以根据分析需求和目的采用其他方法来测定蛋白质的含量。例如双缩脲法、洛瑞法、二辛可宁酸测定法（BCA）、280nm 光吸收法、布拉德福蛋白质定量法等，它们有各自的优缺点。

3.3.4 蛋白质的功能特性

除营养价值外，蛋白质的功能特性在食品生产中也有非常重要的作用。它们大部分的功能特性与多糖相似，并且经常被同时使用（表 3-3）。例如，蛋白质能够形成凝胶，并在结构内保持水分。但是，对于某些食品，可能需要两种物质同时存在，以实现不同的目的。例如，焦糖布丁（一种乳制品甜点）由牛奶蛋白凝胶构成。牛奶蛋白起到保持水分，形成食品结构的目的。但是，长时间的存放，会导致食品结构出现坍塌，水分流失（即脱水），同时食品的口感和外观也会出现变化，造成保质期缩短。添加少量的多糖能够保持结构中的水分，从而延长食品保质期。在这个例子中，蛋白质的作用是形成结构、保持水分和吸附风味，而多糖的作用是保持水分和改良口感。蛋白质也可以增加黏度，但在食品应用中，大多时候使用多糖来增加黏度。

表 3-3　蛋白质在食物中的功能

特性	示例
凝胶	水煮蛋，酸奶
乳化	沙拉酱
发泡	蛋白霜、啤酒
吸附风味成分	黏合食品风味
保持水分	防止结构水分流失
酶的作用	见下一小节

　　蛋白质具有发泡性和乳化性，因为其分子结构中同时含有亲水性基团和疏水性基团。当蛋白质发生变性时，结构展开，使疏水性氨基酸暴露在水相中，使蛋白质被吸附。当蛋白质乳化时，蛋白质聚集在油滴的表面形成保护层，有效防止油滴聚集。当蛋白质发泡时，会在空气-水界面形成一个个包裹着空气的气泡膜（图 3-19）。在许多食品中，通常会利用蛋白质的乳化性和泡沫稳定性功能。例如，乳化液的乳化特性对沙拉酱和调味汁的品质和感官体验都会产生影响。蛋白霜和许多糖果食品

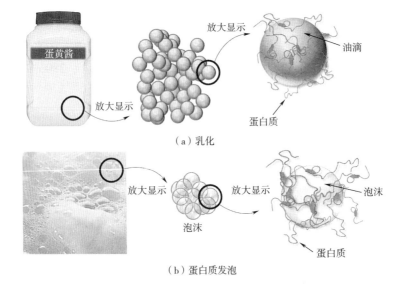

（a）乳化

（b）蛋白质发泡

图 3-19　蛋白质的乳化和发泡

蛋白质围绕着油滴或气泡形成保护膜。保护膜的物理化学性质对乳剂和泡沫的稳定性至关重要

的制作工艺与蛋白质的泡沫稳定性息息相关。在冰激凌的加工过程中，既需要添加合适的乳剂，又需要稳定泡沫。当达到硬性发泡时，蛋白质能够稳定气泡结构，这对食品的体积大小以及口感都至关重要（如蛋糕食品中的鸡蛋蛋白）。显然，乳化性和起泡能力是蛋白质重要的工艺性能，而优化蛋白质的工艺性能一直是一个十分活跃的研究领域。最后，蛋白质还能结合或吸附风味成分，改善或改变食品的感官特征（见第八章）。

3.4　酶

酶是一种具有催化活性的蛋白质（即催化剂）。酶可以加速化学反应的速度，但它们并不参加化学反应中的任何过程，本身在反应过程中不被消耗。酶在反应后并不失活，反应前后酶的化学性质和数量均保持不变。很多反应都需要酶的催化，如果没有酶，反应将无法进行。有些酶天然存在于食品中，在食品工业中非常重要，它们对食品质量的影响有利也有弊。如果天然存在的酶会缩短食品的保质期，则需要加工处理使其失去活性，从而确保食品品质（如水果和蔬菜变黄）。同时，也可以利用酶的活性获得所需的产品，例如发酵食品（奶酪、腊肠、泡菜等）。此外，酶失活可以用来指示加工过程的效果。例如，牛奶中碱性磷酸酶的失活是巴氏灭菌功效的理想指标。某些食品在冷冻前要进行低温烫漂，使过氧化物酶和过氧化氢酶失去活性，保证食品原有的营养价值。同样，脂氧合酶失活也常用于指示蔬菜加工（如玉米、豌豆和青豆）的效果。酶还可以直接用于食品生产。例如，淀粉在酶的催化下，可以生产出葡萄糖。最后，酶也可以用于分析测定食品成分，例如，使用葡萄糖氧化酶测定葡萄糖的含量。

3.4.1　酶促反应的机理

反应物分子间必须相互碰撞才有可能发生化学反应，但是并非每一次碰撞都能导致反应发生。反应物分子还必须具备足够高的能量和合适的距离，才会发生有效碰撞，引起化学反应。分子发生化学反应需要克服的能量称为活化能。反应活化能越高，反应越难于进行，也就是说需要更多的分子发生碰撞。酶能够降低有效反应所需的活化能，加速反应的进行（图 3-20）。

酶对其底物具有高度特异性和高度催化效能，通常情况下，酶只作用于一种底物。如果酶和底物不相匹配，则不会发生催化反应。但是，某些酶能够作用于多种底物（见下文的说明）。酶活性相同或相似，但结构不同的酶称为同工酶。

酶促反应发生在酶分子表面上的某个位置，这个位置称为活性位点（图 3-21）。

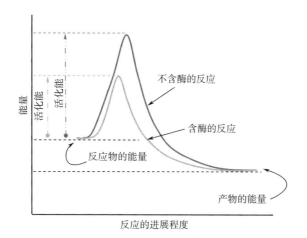

图 3-20 酶促反应中的活化能。酶降低了有效反应所需的活化能，从而加速反应的进行

底物以相当弱的力通过临时键与酶的活性位点相结合。酶表面具有特定的形状，可与底物特异性结合后发挥作用。这就好像一把钥匙配一把锁一样，其中钥匙代表底物，而酶代表锁。如果钥匙与锁匹配，门就会打开，即会发生反应。如果钥匙与锁不匹配，门就打不开，就不会发生反应。其实，底物并不是与活性位点完完全全贴合。当底物分子靠近酶分子时，它会诱导酶朝着与底物相结合的构象（形状）发生变化。有关酶和底物结合的更详细的说明，可以查阅诱导契合学说（图 3-21）。一般来说，酶促反应分为四个步骤。首先，底物（[S]）接近并进入酶（[E]）的活性位点，然后，底物与酶结合，形成酶-底物复合物（[ES]）。酶-底物复合物是酶的活性中心与底物分子通过短程非共价力（如氢键）形成的。此反应发生在底物停留于酶的活性位点的过程中。之后，生成的新复合物：酶-产物复合物（[EP]）。此时，产物仍停留在酶的活性位点内。最后，产物（[P]）离开活性位点，酶等待下一轮的反应（图 3-21）。

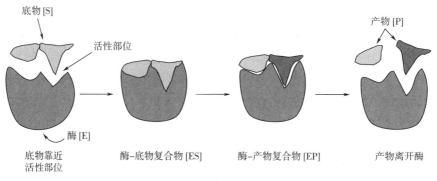

图 3-21 酶促反应的机理

有些酶类完全由蛋白质（单个或多个亚基）组成，可以直接发生催化反应，而另一些酶类结构更复杂，它们需要一种或多种的非蛋白质组分（辅因子）辅助发生反应（图 3-22）。辅因子包括金属离子（如 Zn^{2+}、Cu^{2+} 或 Mn^{2+}）和有机小分子（如维生素 B 复合物）。有机小分子也被称为辅酶，主要包含维生素和一些有机必需营养素（如辅酶-Q_{10}）。辅酶进一步分为两种类型。第一种类型被称为"假体组"，其中辅酶共价结合到蛋白质和辅底物上，辅底物与活性位点发生短暂的相互作用（如氢键或疏水作用），并非永久结合。第二种类型称为"共底物"，通过非共价力（如氢键或疏水作用力）与蛋白质的活性部分瞬时结合。丧失辅助因子的酶被称为脱辅酶，与辅助因子结合在一起的酶被称为全酶（图 3-22）。

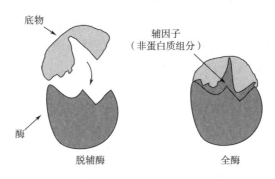

图 3-22　底物与活性位点不匹配，辅因子作为辅基允许底物结合

有些酶需要金属离子参与才能完成其催化功能，这种酶称为金属酶。金属酶与金属离子的结合较为紧密，在纯化过程中，金属离子被保留。与金属原子结合不紧密，纯化需加入金属离子才能被激活的酶称为金属激活酶。许多食品酶需要加入金属离子来发挥其催化活性，如果需要它们失去活性，较为常见的方法是除去其结构中的金属离子。例如，多酚氧化酶（见第 5 章）需要以金属铜作为辅基；锌是碱性磷酸酶的激活剂；α-淀粉酶需要结合钙离子保持活性。

酶的催化特异性表现在"催化反应的特异性"和"对底物的选择性"两方面。催化反应的特异性是指一种酶只催化一种或一类底物。例如，脂肪酶能水解脂类，但不能水解蛋白质。酶的特异性是由其独特的三维结构决定的，底物与酶活性部分必须形成正确的空间排列，才会有利于酶促反应的发生。对底物的选择性是指酶只作用于特定结构的底物。例如，木糖异构酶可以催化葡萄糖异构化成果糖，而木糖异构酶催化 D-木糖时，则是得到 D-木酮糖。又如，为了制造高果糖玉米糖浆，向玉米糖浆中添加木糖异构酶。

3.4.2　酶动力学

酶动力学是研究酶结合底物能力和催化反应速率的科学。了解反应速度具有重要的意义，因为它能够指导我们在重要的工业应用中更合理地、高效地利用酶。如果酶促反应过慢，或者在规定的加工条件下底物的产物转化率低，那么说明添加的酶不太适合，需要更换。此外，通过酶动力学，可以研究影响反应的因素，找出加速或停止反应的方法。影响蛋白质三级结构的所有因素（见3.3.3章节）、酶的类型、酶的浓度、底物类型、底物浓度、抑制剂的存在以及水分活度都会影响反应速率。原则上，任何以不良方式改变酶结构的因素（如变性或水解）都会降低酶的催化效率或破坏酶的活性。

3.4.2.1 底物浓度的影响

酶学中用反应速率（V）表示反应进行的快慢程度，单位：浓度/时间，例如，mmol/min。因此，了解酶促反应的最初反应速率（V_o）和最大反应速率（V_{max}）十分重要。最初反应速率指酶促反应最初阶段的反应速度，此时酶与底物混合不久。在此阶段，酶与底物分子结合很少，反应速度很慢甚至为0，底物的消耗量很小。当底物浓度较低时，V_o 与 $[S]$ 浓度成正比，即 V_o 随 $[S]$ 浓度的增加而按比例同时上升（即如果 $[S]$ 增加一倍，V_o 上升一倍；如果 $[S]$ 浓度增加两倍，V_o 上升两倍，以此类推）（图3-23）。这是因为酶的活性位点尚未饱和，所以底物可以轻易地与酶相结合从而形成产物。随着 $[S]$ 浓度的不断增加，酶的活性位点趋于饱和（图3-23，黄圈部分）。当活性位点完全饱和时，即使 $[S]$ 浓度还在增大，反应速率保持不变，因为底物无法再与酶相结合形成产物，它需要"等待"，直到完成一个催化反应周期，活性位点再次被释放（图3-23）。

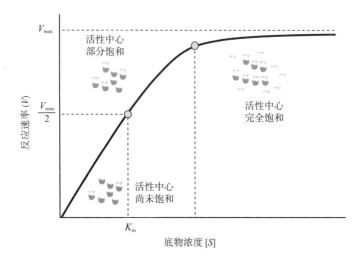

图3-23 饱和曲线：底物浓度与反应速率的关系

当所有活性位点都被底物饱和结合，且 V_o 不依赖于 $[S]$ 浓度时，达到最大反应速率（V_{max}）。V_{max}表示最大的酶促反应速率。酶促反应的V_o与［S］浓度的关系可以用米氏方程表示：

$$V = \frac{V_{max}[S]}{K_m + [S]}$$

其中，K_m称为米氏常数。该方程式将反应速率（V）与底物浓度［S］、V_{max}和K_m相联系。米氏常数K_m值等于酶促反应速度为最大速度一半时（$V_{max}/2$）的底物浓度，反映了反应速率（V）随底物浓度增加而上升的快慢程度（K_m的单位是 M）（绿色圆圈，图 3-23）。K_m也可用来表示酶对底物的亲和力。K_m值越小，酶对底物的亲和力越大，即酶"喜欢"底物，也就是不需要很高的底物浓度，便可容易地达到V_{max}。K_m值越大，酶对底物的亲和力越小，即酶"讨厌"底物，也就是需要较高的底物浓度，才能达到V_{max}。如果一种酶具有多种底物（如葡萄糖和甘露糖），该酶会选择K_m值较低的底物。因此，K_m可用于判断需要在特定条件下发生反应的酶的最适底物。

在非线性曲线拟合程序出现之前，很难从饱和曲线中得出K_m和V_{max}。科学家需要使用莱思威佛-伯克作图法（Lineweaver-Burk plot，或双倒数作图法），伊迪-霍夫斯蒂作图法（Eadie-Hofstee plot）或恒适-伍尔夫作图法（Hanes-Woolf plot）对米氏方程进行线性转换。这些方法都需要通过线性回归分析斜率和截距计算得出K_m和V_{max}。虽然这些方法对于可视化数据非常有用，但是现在已经基本过时了。在现代生物学中，已经使用计算机软件对参数进行非线性回归分析，无须进行线性转换，根据已知数据点即可直接得出K_m和V_{max}。

3.4.2.2　酶浓度的影响

当底物处于过量水平时，酶促反应的速率与酶的浓度成正比，直至达到某一稳定值（紫色圆点，图 3-24）。当酶的浓度超过紫色圆点对应的浓度值时，添加更多的酶不会影响反应速率。其原理与上一小节"底物浓度的影响"所描述的原理基本相同。

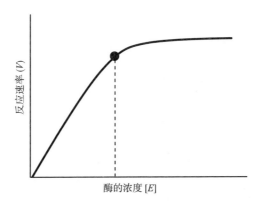

图 3-24　酶的浓度对酶促反应速率的影响

3.4.2.3 温度、pH值和 A_w 的影响

酶促反应会随温度升高而加快。但是，每种酶都有一个最适的活性温度（图3-25）。低于这个最适温度，酶的活性会减弱；而高于这个最适温度，酶则会发生变性。如果酶完全变性，它会失去原有的活性。需要注意的是，酶的热变性是食品技术人员控制酶活性（如烫漂）的首选方法（其他方法还包括改变pH值、加入添加剂等）。不同的酶、不同的酶促反应，其最适温度各不相同。一般而言，酶发生作用的最适温度为45℃左右，一旦超过50℃酶会开始变性。有一类酶，称为热稳定性酶，它们在较高的温度下能保持活性，会影响某些食品的稳定性（见下文的过氧化物酶），或作为特殊用途使用。例如，α-淀粉酶的耐热性很强，温度>90℃仍能保持较高的活性。

同样，酶只有在一定的pH范围内才表现它的催化活性。一种酶表现其催化活性最高时的pH值称为该酶的最适pH值（图3-25）。低于或高于最适pH值时，酶的活性会逐渐降低。不同的酶、不同的酶促反应，其最适pH值各不相同。例如，胃蛋白酶在强酸性环境中活性较高，而小肠中的脂肪酶在碱性环境中活性才会较高。

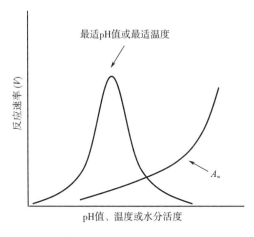

图3-25　pH值、温度和水分活度对酶促反应的影响

降低水分活度会降低酶促反应速率。通常水分活度低于0.3时，酶促反应不能进行，因为酶已经失去活性（图3-25）。A_w<0.2的干食品和干燥粉基本不会发生酶促反应。0.3<A_w<0.8的半干食品需要在低温条件下保存（特别是保存时间为6个月或更长的食品），因为低温会降低酶的活性。A_w>0.8的湿食品则需要通过热处理或其他方式使酶失活，从而延长保质期。

3.4.2.4 酶抑制剂

酶抑制剂是改变酶的催化作用，并因此减慢或在某些情况下停止催化的物质。根据抑制剂和酶的结合紧密程度不同，酶的抑制作用分为不可逆性抑制和可逆抑制性。不可逆抑制剂（也可用作毒药）通常会与酶永久结合，彻底改变酶的三级结构，使酶失去活性，不能恢复。可逆抑制剂不会与酶永久结合，可以通过物理方法除去抑制剂，恢复酶的活性。本文主要区分两种可逆性抑制作用：竞争性抑制和非竞争性抑制（图 3-26）。竞争性抑制指抑制剂与底物竞争酶的活性位点。非竞争性抑制指抑制剂以某种方式改变酶活性位点的结构，使其不能接受底物。许多酶含有巯基（—SH）、羟基（—OH）或羧基（—COOH）活性位点，能与这些基团反应的化学物质称为非竞争性抑制剂。例如，某些重金属离子如 Hg^{2+}、Pb^{2+} 等可与—SH进行不可逆的结合，从而抑制酶的活性。非竞争性抑制剂与酶的活性位点以外的部位结合。如果结合点远离活性位点，则称为异位抑制。

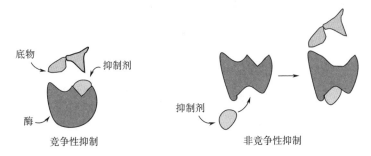

图 3-26 竞争性抑制（抑制剂与活性位点结合，阻止底物与酶的结合）和非竞争性
抑制（抑制剂改变活性位点的结构，阻止底物与酶的结合）

3.4.3 酶的命名和分类

酶的英文名称以催化底物的名称开头，然后以-ase 结尾。例如，蛋白质（protein）能被蛋白酶（protease）催化水解；蔗糖（sucrose）能被蔗糖酶（sucrase）催化水解；乳糖（lactose）能被乳糖酶（lactase）催化水解。但也有例外，如胃蛋白酶（pepsin）、胰蛋白酶（trypsin）或胰凝乳蛋白酶（chymotrypsin）。食品加工有关的酶，根据其来源可分为内源酶（天然存在于食物中）和外源酶（为实现某技术目的添加的）两大类。内源酶是食品原料或食品加工产品产生品质变化的重要原因，包括颜色（如多酚氧化酶）、风味（如脂肪酶、脂氧合酶）、口感（如蛋白酶、淀粉酶或聚半乳糖醛酸酶）。外源酶只有在精准控制的情况下，才能达到理想的效果，例如乳糖水解加入乳糖酶；奶酪生成添加凝乳酶；木瓜蛋白酶可以嫩化或软化肉类；淀粉酶可以增大面包体积。

根据反应机理，酶主要分为 7 类（见表 3-4）。在涉及水解酶和氧化还原酶的食品工业中，不同类型的酶，其重要程度不同。在写下这句话的时候，已发现的酶已超过 6500 种，它们的分类是一项具有挑战性的任务。酶学委员会制作了一套酶的系统编号（EC 编号），以每种酶所催化的化学反应为分类基础。这套系统编号由"EC"加四个阿拉伯数字组成，每个数字之间以"."隔开，更细致地为酶作出分类。例如，EC3.2.1.1。数字 3 代表酶的大类，即水解酶。第二个数字代表亚类，即与糖苷键产生作用的水解酶。第三个数字代表亚亚类，即水解 O—和 S—糖基化合物的水解酶。第四个数字代表该亚亚类中的顺序号，指明该酶在特定亚亚类中的顺序号。在本例中是 α-淀粉酶。所有已命名酶的相关信息可以通过在线数据库进行查询。某些水解蛋白质或多糖的酶可能是内切酶或外切酶（图 3-27）。内切酶在蛋白质或多糖内部水解，生成多肽或低聚糖。外切酶在链末端水解，生成游离氨基酸或单糖。两者同时使用可能导致大分子完全水解，例如以淀粉为原料生成葡萄糖糖浆过程中，加入多酶混合液使淀粉完全水解。

表 3-4 酶的分类、酶促反应及其重要性

组别	酶促反应	举例	重要性
EC1 氧化还原酶	催化、氧化、还原底物	脂肪氧合酶、多酚氧化酶、过氧物酶	★ ★
EC2 转移酶	将官能团从一个物质转移至另一物质	转谷氨酰胺酶	★
EC3 水解酶	催化底物水解（即水中断键）	淀粉酶、脂酶、蛋白酶	★ ★ ★
EC4 裂合酶	非水解的增加或移走底物的某些基团	—	×
EC5 异构酶	重整分子内的排列	木糖异构酶	★
EC6 连接酶	催化合成底物的共价键	—	×
EC6 移位酶	将离子或分子从膜的一侧转移到另一侧	—	×

注 ★表示重要程度（★：低，★★：中等，★★★：高），×表示不重要。

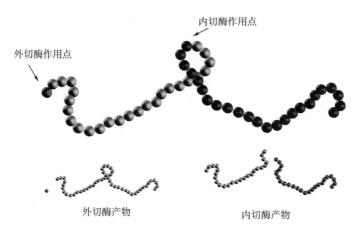

图 3-27　内切酶、外切酶及其产物

3.4.4　食品中应用的酶

目前工业上应用的酶绝大多数都由微生物经发酵生产。其中，酶最主要应用于面包行业、乳制品行业和饮料行业。不过，其他食品行业也会直接或间接地使用酶。下文将讨论食品加工中几种重要的酶。

3.4.4.1　糖酶

α-淀粉酶能随机水解淀粉内部的 α-（1→4）-糖苷键，但不能水解 α-（1→6）-糖苷键（分支点）。淀粉在 α-淀粉酶的作用下生成麦芽糖、葡萄糖和糊精。糊精和麦芽糊精的区别在于糊精是低分子量糖，通过 α-（1→4）和 α-（1→6）糖苷键连接，而麦芽糊精主要通过 α-（1→4）糖苷键连接。由于存在分支，糊精的功能性质与麦芽糊精区别很大。β-淀粉酶作用于直链淀粉时，从淀粉分子的非还原端开始水解 α-（1→4）糖苷键，顺次切下麦芽糖单位；作用于支链淀粉时，切断至 α-（1→6）糖苷键的分支点则停止不前。葡糖淀粉酶（或淀粉转葡糖苷酶）也是从淀粉分子的非还原端开始水解 α-（1→4）糖苷键和 α-（1→6）糖苷键，顺次切下葡萄糖单位。但是与 α-淀粉酶不同，葡糖淀粉酶可以作用于直链淀粉和支链淀粉，最终产物均为葡萄糖。普鲁兰酶和异淀粉酶只水解淀粉内部的 α-（1→6）糖苷键，而 α-葡萄糖苷酶从淀粉分子的非还原端水解 α-（1→4）糖苷键，生成葡萄糖（图 3-28）。淀粉酶的一个重要用途是生产葡萄糖、麦芽糖或高果糖玉米糖浆。首先，将淀粉的悬浮液加热，达到淀粉糊化温度（>70℃），淀粉开始水解。然后调节糊化淀粉的 pH 至 6.5，加入 α-淀粉酶再加热至 85℃，生成糊精。根据不同需求，加入葡萄糖淀粉酶生成葡萄糖糖浆，或加入普鲁兰酶和 β-淀粉酶两种混合酶生成麦芽糖糖浆。最后，加入葡萄糖异构酶将葡萄糖转化为果糖，生成高果糖玉米糖浆（HFCS）。在烘焙食品行业中，加入淀粉酶可以将少量的可溶性淀粉水解转化为葡萄糖，从而供给酵母发酵，产生二氧化碳气体，使面包内部出现多个小气室，从而在烘烤时有效增大面包体积。由于淀粉酶可以水解直链淀粉，它们也会被添加到烘焙食品中，起到抗老化的作用。此外，淀粉酶还能降低面团的黏度，增加面包体积，提高面包柔软度，改善面包表皮色泽，延缓老化速度。在酿酒行业中，大麦芽中含有淀粉酶，可以把大麦或小麦中的淀粉水解成麦芽糖，这样酵母才能进一步将它分解为乙醇和二氧化碳。

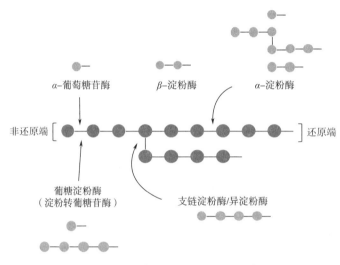

图 3-28　四种淀粉酶的作用位点及其产物

　　纤维素酶是催化降解纤维素水解的一组酶的总称。内切纤维素酶随机切割水解结晶纤维素的非共价键，产生游离纤维素链（即非结晶形式）。外切纤维素酶裂解纤维素产生二糖（纤维素二糖）或四糖（纤维素四糖），最后，β-葡糖苷酶（纤维二糖酶）将纤维素二糖或纤维素四糖水解成葡萄糖（图 3-29）。人体内没有纤维素酶，不能消化纤维素（见 2.5.10 章节，膳食纤维）。但是，纤维具有功能性发酵作用，膳食纤维能在大肠内发酵，生成对人体健康有益的多种短链脂肪酸。

　　果胶酶水解果胶主要生成低聚糖、半乳糖醛酸或去酯化果胶。果胶甲基酶水解果胶中的甲氧基，生成低甲氧基果胶和多聚半乳糖醛酸。多聚半乳糖醛酸酶（果胶酶）水解多聚半乳糖醛酸的 α-（1→4）糖苷键，生成低聚半乳糖醛酸和半乳糖醛酸。多聚半乳糖醛酸酶也具有内切多聚半乳糖醛酸酶和外切多聚半乳糖醛酸酶两种形式，它们分别从非还原端开始随机或有序水解果胶（图 3-30）。果胶酶已应用于多种食品加工中，包括水果榨汁、葡萄酒澄清、番茄打汁等。例如，番茄食品可以在高温（约 95℃，热打）或低温（约 65℃，冷打）下进行加工。这两种加工工艺

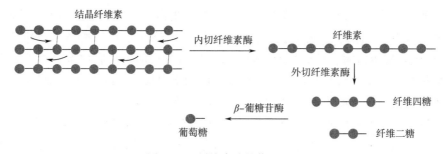

图 3-29 纤维素酶的作用机理

的区别主要在于：冷打使果胶酶的部分失活，而热打使果胶酶的完全失活。因此，热打的果胶溶液会呈高黏度的糊状，因为果胶尚未水解，溶液层厚度较大。热打适用于番茄酱、果泥等。而冷打的果胶溶液黏度较低，因为果胶已被水解。所以，冷打适用于番茄汁、果酱汁等。

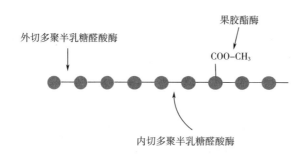

图 3-30 果胶酶的作用位点及其产物

蔗糖酶是催化蔗糖水解成果糖和葡萄糖（转化糖是果糖和葡萄糖的混合物）的一类酶。转化糖常用于糖果行业中（如软糖），因为它比蔗糖更甜，且不易结晶。乳糖酶，又称为 β-D-半乳糖苷酶，能够将乳糖水解为葡萄糖和半乳糖，用于处理加工低乳糖乳制食品（牛奶、奶油等）。在蛋制品行业中，葡糖氧化酶用于去除蛋清中的葡萄糖，防止在脱水与贮存过程中美拉德反应产生的褐变。它还能氧化面筋蛋白中的巯基形成二硫键，增强面团的网络结构，起到加强面粉筋力的作用。

3.4.4.2 蛋白酶

蛋白酶是水解蛋白质肽链或氨基酸的一类酶的总称。蛋白酶对蛋白质食品非常重要，因为它时时刻刻影响着蛋白质食品的品质和保质期。蛋白酶天然存在于食物中，也可专门添加到食物中。按其反应的最适 pH 值，分为酸性蛋白酶、中性蛋白酶和碱性蛋白酶，它们可以是内切酶，也可以是外切酶。根据各种蛋白酶活性部位的性质又可分为：天冬氨酸蛋白酶（如胃蛋白酶、组织蛋白酶、凝乳酶）、半胱氨酸蛋白酶（如木瓜蛋白酶、菠萝蛋白酶、无花果蛋白酶、猕猴桃蛋白酶）、丝氨酸蛋白酶（如胰蛋白酶、胰凝乳蛋白酶）、金属蛋白酶（如羧肽酶A、嗜热菌蛋白酶）、三酰氨酸蛋白酶、谷氨酸蛋白酶和天冬氨酸蛋白酶。从底物蛋白N端水解的蛋白酶被称为氨基肽酶；从底物蛋白C端水解的蛋白酶，则被称为羧基肽酶。

　　蛋白酶可以作为嫩化剂嫩化粗糙、老硬的肉类（如木瓜蛋白酶）。这类酶能够水解结缔组织中的蛋白质（即胶原蛋白），并软化肌肉。其他软化酶包括无花果蛋白酶，菠萝蛋白酶和微生物蛋白酶。凝乳酶存在于反刍动物的胃液中，是奶酪生产中的关键性酶。凝乳酶作用于牛乳内κ-酪蛋白上第105位苯丙氨酸和第106位甲硫氨酸之间的肽键，形成疏水性副κ-酪蛋白（位于酪蛋白胶束表面）及亲水性肽（融入乳清中）。在钙离子存在下，副κ-酪蛋白与其他分子共同形成了不溶性的凝冻状态，形成酪蛋白胶束的蛋白质聚合体，即干酪凝块。这是奶酪生产工艺流程的第一步。消化蛋白酶（存在于动物胰液中），例如胰蛋白酶、胰凝乳胰蛋白酶和胃蛋白酶，如果来自肠道的污染可能会导致肉类食品软化变质。蛋白酶也被用于生产咸味极重的蛋白水解物，搭配到零食食品中。此外，蛋白酶还可用于分解部分小麦粉蛋白质，减少混合时间，使其更具延展性。在发酵乳制品中添加蛋白酶，可加速发酵，改善风味和口感。最后，蛋白分解细菌会产生各种有益蛋白酶，应用于食品发酵，使食品具有独特的风味和质构特征。

3.4.4.3 脂肪酶

　　脂肪酶是一种特殊的水解酶，它可作用于甘油三酯的酯键，使甘油三酯降解为双甘油酯、单甘油酯、甘油和脂肪酸（图3-31）。脂肪酶对含有大量脂肪的食品的品质有很大的影响，因为它可能会导致水解酸败现象的发生。例如，当肉类食品中加入游离脂肪酸后，它们会与蛋白质发生反应，使蛋白质变性，导致肉质粗糙、老硬。此外，在牛奶中，如果脂肪酶没有失去活性，它们分解脂肪释放脂肪酸，产生特殊的臭味。然而，在发酵食品中，脂肪酶有着非常理想的效果。例如，脂肪酶能够加速奶酪、意大利腊肠和其他肉干食品的成熟。从乳脂中释放出的短链脂肪酸形成了乳制品特有的气味和味道，尤其是碳原子数为8个的脂肪酸。最后，脂肪酶还可用于脂类改性，特别是在人造黄油行业中，赋予食品不一样的口感和熔点，或生成单甘油酯和双甘油酯用作乳化剂。

3.4.4.4 其他酶类

　　脂氧合酶、过氧化物酶和多酚氧化酶（PPO）是最重要的三种氧化还原酶。脂氧合酶存在于各种植物中，如谷类种子，以及动物组织（如鱼皮）中。它们用于催化不饱和脂肪酸的氧化。亚油酸（2个双键）、亚麻酸（3个双键）和花生四烯酸（4个双键）是三种天然存在的脂氧合酶底物。脂氧合酶能够很好地漂白小麦粉和大豆粉；能够在制作面团时形成二硫键，无须化学氧化剂的添加。但是，如果不合

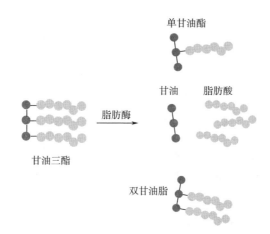

图 3–31 脂肪酶水解甘油三酯生成双甘油酯、单甘油酯、甘油和游离脂肪酸

理地控制脂氧合酶，可能会导致食品出现重大品质问题，因为脂类氧化和分解的产物（氢过氧化物）会产生各种异味和臭味，严重影响感官体验。蔬菜在冷冻前要进行烫漂，使脂氧合酶失去活性，从而延长保质期。因此，烫漂处理是蔬菜冷冻前的一个重要步骤。

过氧化物酶可以氧化多种酚类底物（如对甲酚、儿茶酚、咖啡酸和香豆酸）、抗坏血酸、芳香胺等。过氧化氢酶属于耐热的酶类，可以氧化分解叶绿素和甜菜素，导致罐装蔬菜的颜色不佳。过氧化物酶能使愈创木酚氧化，生成茶褐色物质，这可以用作标准来判断烫漂是否符合要求。多酚氧化酶会在第 5 章节中详细说明。

柚皮苷酶是一种水解酶复合物，具有 α–L–鼠李糖苷酶和 β–D–葡萄糖苷酶的活性。柚皮苷酶对柑橘类果汁具有良好的脱苦效果，它能够降解柚皮苷（尤其是葡萄柚中的柚皮苷），去除其产生的苦味。α–L–鼠李糖苷酶首先将柚皮苷水解成樱桃苷和鼠李糖，接着在 β–D–葡萄糖苷酶的作用下，樱桃苷分解成葡萄糖和无味的柚皮素。

谷氨酰胺转氨酶可以催化蛋白质赖氨酸上的游离氨基和谷氨酸侧链末端的酰胺基之间形成肽键。谷氨酰胺转氨酶催化蛋白质之间形成的共价键很难断裂，对蛋白质水解具有很高的抗性。谷氨酰胺转氨酶主要应用于生产人造蟹肉（鱼糜或鱼丸类食品）中。谷氨酰胺转氨酶的别称是"肉胶"，这是一个不太适合使用的名称，它会困扰消费者和技术人员，因为黏合作用（即"胶"）和酶催化的化学性质完全不同。

3.5 课后练习

3.5.1 选择题-蛋白质

1. 氨基酸的等电点：

（a）氨基酸为中性时的 pH 值

（b）氨基酸带正电荷时的 pH 值

（c）氨基酸带负电荷时的 pH 值

（d）氨基酸变性时的 pH 值

2. L 型氨基酸的氨基位于手性碳的左边。这句话：

（a）错误

（b）正确

（c）仅适用于非极性氨基酸和极性氨基酸

（d）仅适用于带电氨基酸

3. 非极性氨基酸具有

（a）亲水 R 链

（b）疏水 R 链

（c）带负电荷的 R 链

（d）带正电荷的 R 链

4. 肽键是：

（a）两个胺之间的酰胺键

（b）两个氨基酸之间的酰胺键

（c）两个胺之间的糖苷键

（d）两个氨基酸之间的糖苷键

5. 蛋白质的一级结构是：

（a）多肽链中单糖的序列

（b）多肽链中脂肪酸的序列

（c）多肽链中氨基酸的序列

（d）以上都不是

6. 蛋白质的二级结构是：

（a）多肽链沿轴形成的特定的空间构象

（b）两个主要结构相连

（c）两个主要结构相互平行

(d) α-螺旋沿水平轴的特殊排列

7. 维持蛋白质的三级结构的相互作用力包括：

(a) 疏水作用、离子键、氢键和二硫键

(b) 亲水作用、离子键、氢键和反式桥键

(c) 亲水作用、离子键、氢键和二硫键

(d) 疏水作用、离子键、氢键和糖苷键

8. "蛋白质变性导致肽键断裂"，这句话：

(a) 仅适用于肉类蛋白质

(b) 不仅只适用于肉类蛋白质

(c) 不适用于所有蛋白质

(d) 适用于所有蛋白质

9. 以下哪种情况会导致蛋白质结构的展开：

(a) 在等电点附近

(b) 在极端 pH 值下，例如强酸或强碱条件下

(c) 在等电点附近，NaCl 溶液中

(d) 低-中等 NaCl 浓度的溶液中

10. "蛋白质水解会导致肽键断裂，使蛋白质分解成更小的肽链或氨基酸"：

(a) 正确

(b) 错误

(c) 仅适用于发酵食品

(d) 仅适用于酸性食品，如橙汁

3.5.2 选择题-酶

1. 酶通常作用于：

(a) 某一反应中特定结构的底物

(b) 某一反应中的糖类和蛋白质

(c) 脂肪酶，只催化一系列水解反应

(d) 植物和动物有机体的代谢反应

2. 辅因子是一种非蛋白质分子：

(a) 与多糖结合，参加水解反应

(b) 与蛋白质结合，参加酶促反应

(c) 与底物结合，参加酶促反应

(d) 与蛋白质结合，参加并发反应

3. 酶的特异性是指：

（a）酶能同时催化两种反应

（b）酶能催化一个蛋白质反应和一个多糖反应

（c）酶只能催化一种反应

（d）酶能催化一组宏量营养素（即糖类、蛋白质、脂类）中的一种反应

4. 酶的选择性是指：

（a）酶能选择反应的类型

（b）酶能选择优先催化肽键，而不是糖苷键

（c）在某些制造工艺中优先选择某种酶

（d）酶对底物的选择性

5. 内切酶：

（a）在蛋白质或多糖分子的内部随机水解

（b）从蛋白质或多糖分子的外部开始水解

（c）作用于某些水果的内果皮，导致组织软化

（d）作用于某些水果的外果皮，导致组织紧实

6. α-淀粉酶水解：

（a）甘油三酯中酯键

（b）淀粉内部的 α-（1→4）-糖苷键

（c）肽键

（d）淀粉内部的 α-（1→6）-糖苷键

7. 果胶甲基酯酶水解：

（a）果胶的乙酰基，生成低甲氧基果胶和多聚半乳糖醛酸

（b）果胶的甲氧基，生成高甲氧基果胶和多聚半乳糖醛酸

（c）果胶的甲氧基，生成低甲氧基果胶和多聚半乳糖醛酸

（d）果胶的甲氧基，生成低甲氧基果胶和聚古罗糖醛酸

8. 乳糖酶水解

（a）乳糖生成葡萄糖和果糖

（b）乳酸生成葡萄糖和半乳糖二酸

（c）半乳糖生成葡萄糖和乳糖

（d）乳糖生成葡萄糖和半乳糖

9. 蛋白酶：

（a）水解蛋白质的肽键，生成肽和氨基酸

（b）水解多糖的肽键，生成单糖

（c）结合多肽键，形成蛋白质

（d）结合多肽键，形成多糖

10. 脂肪酶：

（a）水解脂肪，生成双甘油酯、单甘油酯和脂肪酸

（b）水解脂类，生成葡萄糖和脂肪糖

（c）水解脂肪酸，生成甘油三酯

（d）水解甘油三酯，生成对胆固醇和脂溶性维生素 D

3.5.3　简答题-深入阅读

1. 画出并讨论氨基酸的带电状况与所处环境的 pH 值的关系。pH 值的变化对食品中的蛋白质有什么影响？

2. 画出半胱氨酸的分子结构图，并标出羧基、氨基、侧链、巯基。这种氨基酸可能形成什么特殊的化学键？

3. 豌豆球蛋白的氨基酸序列为 SRFRASHGDFRI。找出这个序列中的氨基酸。

4. 下表给出了三种氨基酸的解离常数。请使用公式分别计算其 pI。

氨基酸	解离常数		
	pK_{COOH}	p$K_{NH_3^+}$	pK_R
丝氨酸	2.21	9.15	—
天冬氨酸	1.88	9.60	3.65
组氨酸	1.82	9.17	6.00

5. 三肽 LLF 是乳清蛋白水解物中的苦肽。画出它的结构。

6. 下图为 α-乳清蛋白的蛋白质结构：

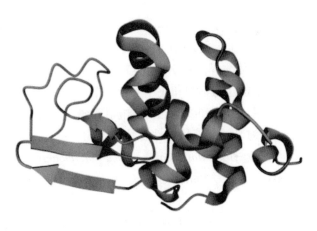

图中有多少个 α-螺旋结构和 β-折叠结构？β-折叠结构或 β-片层结构是平行式还是反平行式。标出图中一个环状结构和无规卷曲结构。

7. 讨论维持蛋白质三级结构的作用力。

8. 列出并讨论影响蛋白质变性的因素。

9. a) 下面的蛋白质被一种酶水解，这种酶可以切断 R 和 F 氨基酸之间的化学键（已加粗）：RRHKNKNPFHFNSK**RF**QTLFKNQYGHVRVL。写出生成的肽的序列。

b) 同样的蛋白质在加酸加热的作用下被一种酶水解，这种酶可以切断以下氨基酸之间的化学键（已加粗）：**RR**HKNKN**PF**HFNSK**RF**QTLFKN**QY**GHVR**VL**。写出生成的肽的序列，并说出水解生成的游离氨基酸。

10. 某一蛋白质的一级结构为：LLVWVAVWEDRKH。这种蛋白质可以用来制作水包油型沙拉酱。确定并说明该蛋白质哪部分位于油相一侧，哪部分位于水相一侧（提示：可先从序列中找出疏水性氨基酸）。

11. 某公司通过蛋白质的凝胶作用来维持牛奶甜点的结构。描述蛋白质凝胶的过程以及发生的化学反应。

12. 讨论"面筋""麦谷蛋白""醇溶蛋白""谷蛋白"和"醇溶谷蛋白"之间的区别。

13. 列出并讨论影响酶活性的因素。

14. 某公司想研发一款低黏度、适合加入汤中的番茄酱料。他们首先将番茄捣碎，然后立即进行巴氏灭菌，温度达到 88℃，可是最终的酱料黏度很高，不适合加入汤中。请解释原因，并说明哪些酶可以应用于番茄果酱，如何解决这个问题。

15. 分别说明 α-淀粉酶、β-淀粉酶、葡糖淀粉酶的作用位点和最终产物。在生产葡萄糖浆过程中，如何使用这些酶。

16. 分别说明凝乳酶、转化酶和乳糖酶如何作用于其底物，同时举例说明每种酶在食品行业中的应用。

17. 延伸阅读：阅读评论文章 *Protein-stabilized emulsions*（《蛋白质稳定的乳浊液》）（2004）；作者：McClements, D. J.；期刊：*Current Opinion in Colloid & Interface Science*（《当代胶体与界面科学观点》），9（5），305-313 页。

● 列出影响乳浊液稳定性的物理和化学参数。

● 热处理、均化作用、干燥和冷冻如何影响乳浊液的稳定性？

● pH 值和离子强度对乳浊的液稳定性有什么影响？

18. 延伸阅读：阅读书籍 *Handbook of food enzymology*《食品酶学手册》（2003）；作者：Whitaker, J. R., Voragen, A. G. J., & Wong, D. W. S.；New York：Marcel Dekker 出版。

● 阅读以下关于酶的章节，确定相应底物和最终产物

　　√　辣根过氧化物酶

　　√　葡糖氧化酶

　　√　乙醇脱氢酶

　　√　淀粉蔗糖酶

　　√　叶绿素酶

　　√　植酸酶

　　√　溶菌酶

　　●　阅读"蛋白水解酶"这一章节，并了解：

　　√　蛋白水解酶在食品行业中的应用

　　√　蛋白水解酶的种类

　　√　列出三种测定蛋白水解活性的方法

3.5.4　填空题

1. ＿＿＿＿＿＿＿氨基酸是人体不能合成，必须从膳食中补充的氨基酸。

2. 等电点指氨基酸净电荷为＿＿＿＿＿＿时的＿＿＿＿＿＿。

3. 两个＿＿＿＿＿＿的巯基容易氧化生成＿＿＿＿＿＿。

4. 两个巯基氧化形成的键叫作＿＿＿＿＿＿。

5. 席夫碱是一种分子中含有＿＿＿＿＿＿双键的化合物。

6. ＿＿＿＿＿＿用于测定游离氨基酸的含量。

7. ＿＿＿＿＿＿和＿＿＿＿＿＿是主要存在于大豆、豌豆、扁豆和其他豆类中的蛋白质。

8. 多肽链在二级结构基础上绕曲＿＿＿＿＿＿形成相对独立的＿＿＿＿＿＿。

9. 常见的三级结构有两种：＿＿＿＿＿＿和＿＿＿＿＿＿。

10. 蛋白质变性由＿＿＿＿＿＿或＿＿＿＿＿＿因素引起。

11. 洗涤剂可以破坏蛋白质的＿＿＿＿＿＿。

12. Hofmeister 序列（霍夫梅斯特序列）又称为＿＿＿＿＿＿。

13. 当蛋白质乳化时，蛋白质聚集在＿＿＿＿＿＿的表面形成＿＿＿＿＿＿，有效防止油滴聚集。

14. 酶能够降低有效反应所需的＿＿＿＿＿＿，从而加速反应的进行。

15. 催化反应的＿＿＿＿＿＿是指一种酶只催化一种或一类底物。

16. 酶活性相同或相似，但结构不同的酶称为＿＿＿＿＿＿。

17. 有些酶需要金属离子参与才能完成其催化功能，这种酶称为＿＿＿＿＿＿。

18. 米氏常数值越＿＿＿＿＿＿，酶对底物的亲和力越大。

19. 酶 EC3.2.1.1 中，数字 3 代表＿＿＿＿＿＿。

20. _____在蛋白质或多糖内部水解。

21. 从底物蛋白 N 端水解的蛋白酶被称为_____；从底物蛋白 C 端水解的蛋白酶，则被称为_____。

22. 过氧化物酶可以氧化_____底物。

23. 鱼糜类食品需要添加_____。

24. 柚皮苷酶是一种水解酶复合物，对柑橘类果汁具有良好的_____效果。

第4章　脂类

📖 学习目标

- 描述脂类物质的结构
- 描述脂类氧化的机理
- 讨论影响脂类氧化的因素
- 描述脂类晶体的形成
- 描述甘油三酯的构象及其同质多晶体
- 讨论影响脂类晶体熔点的因素

4.1　概述

脂类通常难溶于水，易溶于有机溶剂。脂类物质是构成动物体脂肪组织和细胞膜的重要成分。脂类在食品中，特别是在富含脂质的食品中，表现出独特的物理和化学性质，这影响着食品的感官体验、保质期以及质量品质。脂类可以分为八类，其物理、化学和生理特性各不相同，包括脂肪酸、三酰甘油、磷脂、鞘脂、类固醇、蜡脂、脂溶性维生素和类胡萝卜素。食品中的脂肪和油的区别主要取决于原料来源和物理状态。在常温下（约20℃），脂肪是固体，而油是液体。脂肪通常来源于动物体，其饱和程较高，而油主要从植物中提取，其饱和度较低（单不饱和或多不饱和），下文会进行说明。但是，有三个例外：椰子油和棕榈油从植物中提取，常温下是固体；鱼油常温下是液体。脂肪的主要食物来源包括肉类、家禽和奶制品；油的主要食物来源包括坚果类、植物种子、牛油果、橄榄和椰子。大多数水果和蔬菜的脂肪含量很低。接下来的章节中，会探讨脂质分子的结构和性质，以及它们与食品生产、质量和保质期的关系。

4.2　脂肪酸的命名和基本特性

脂肪酸为一条长的烃链（"尾"）和一个末端羧基（"头"）组成的羧酸。脂肪酸之间的主要区别在于：碳链的长度和饱和程度。碳链的长度由其含有的碳原子的个数决定。自然界中，绝大多数天然存在的脂肪酸的碳链为偶数，其长度一般在

4~22个碳原子之间。脂肪酸分子结构中羧基具有亲水性，而烃链具有疏水性。脂肪酸碳原子的编号从羧基碳原子开始，自右向左（图4-1）。饱和程度由碳链中碳原子间双键的数目决定。碳链上没有双键的脂肪酸为饱和脂肪酸。碳链中含有一个双键的脂肪酸为单不饱和脂肪酸，含有两个或两个以双键的脂肪酸为多不饱和脂肪酸。饱和脂肪酸主要来自肉、家禽、黄油、蛋黄或猪油等，还有一些来自椰子油、棕榈油等。单不饱和脂肪酸主要来自橄榄油、牛油果油和花生酱。多不饱和脂肪酸主要来自植物种子（如玉米、菜籽、向日葵或亚麻籽）和鱼油。

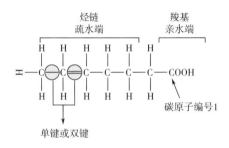

图4-1　脂肪酸的结构

脂肪酸可以根据IUPAC系统命名法命名，也可以按照学名命名法则结合其来源进行命名。例如，butanoic acid（丁酸）的学名是butyric acid，因为它是在黄油（butter）中发现的。脂肪酸也可以用碳原子数目和双键数目进行简写（表4-1）。例如，丁酸可以简写为4：0，因为它含有4个碳原子和0个双键。18：1可以表示油酸，说明油酸中含有18个碳原子和1个双键。

表4-1　食品中的饱和脂肪酸

常用名	系统命名	简写	来源
丁酸（butyric acid）	丁烷酸（butanoic acid）	C4:0	黄油
己酸（caproic acid）	己烷酸（hexanoic acid）	C6:0	椰子油，棕榈油，黄油
辛酸（caprylic acid）	辛烷酸（octanoic acid）	C8:0	椰子油，棕榈油，黄油
癸酸（capric acid）	十烷酸（decanoic acid）	C10:0	椰子油，棕榈油，坚果油，黄油
月桂酸（lauric acid）	十二烷酸（dodecanoic acid）	C12:0	椰子油，棕榈油，坚果油，黄油
肉豆蔻酸（myristic acid）	十四烷酸（tetradecanoic acid）	C14:0	动植物脂肪
棕榈酸（palmitic acid）	十六烷酸（hexadecanoic acid）	C16:0	动植物脂肪

续表

常用名	系统命名	简写	来源
硬脂酸（stearic acid）	十八烷酸（octadecanoic acid）	C18:0	动物脂肪
花生酸（arachidic acid）	二十烷酸（eicosanoic acid）	C20:0	花生油

多不饱和脂肪酸（ω 脂肪酸）在碳链甲基末端的第 3 个（ω-3）或第 6 个（ω-6）碳原子上具有双键（图 4-2 和表 4-2）。例如，α-亚麻酸（C18:3 n-3）和二十碳五烯酸（C20:5 n-3）属于 ω-3 多不饱和脂肪酸；亚油酸（C18:2 n-6）和花生四烯酸（C20:4，n-6）属于 ω-6 多不饱和脂肪酸。其中字母 n 表示以从碳链甲基末端开始出现第一个双键的碳原子位置。$\Delta^{x,y,\cdots}$ 也可以用来表示双键的位置。例如，花生四烯酸表示为 $\Delta^{5,8,11,14}$，说明在碳原子 5，8，11 和 14 上的存在双键。Δ 命名法从脂肪酸的羧基起计算碳原子的顺序（图 4-2）。

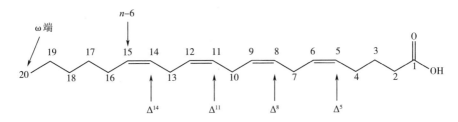

花生四烯酸，C20:4，n-6，$\Delta^{5,8,11,14}$

图 4-2　以不饱和脂肪酸花生四烯酸为例，它的 IUPAC 名称为 5，8，11，14-二十碳四烯酸

表 4-2　食品中的不饱和脂肪酸

$\omega-n$	常用名	简写	Δ^n	结构	来源
ω-3	α-亚麻酸	C18:3	$\Delta^{9,12,15}$	顺式	亚麻籽、奇亚籽、核桃
ω-3	二十碳五烯酸	C20:5	$\Delta^{5,8,11,14,17}$	顺式	鱼肉
ω-6	亚油酸	C18:2	$\Delta^{9,12}$	顺式	花生油，橄榄油
ω-6	反亚油酸	C18:2	$\Delta^{9,12}$	反式	部分氢化油
ω-6	花生四烯酸	C20:4	$\Delta^{5,8,11,14}$	顺式	肉类、蛋类
ω-7	棕榈烯酸	C16:1	Δ^9	顺式	欧洲坚果

$\omega-n$	常用名	简写	Δ^n	结构	来源
$\omega-9$	油酸	C18:1	Δ^9	顺式	橄榄油，菜籽油
$\omega-9$	反油酸	C18:1	Δ^9	反式	氢化油
$\omega-9$	芥酸	C22:1	Δ^{13}	顺式	芥子油

由于双键的存在，导致同一分子式的脂肪酸存在同分异构体，即顺式或反式异构。在顺式结构中，碳原子上的氢原子都排列在双键的同一侧；在反式结构中，则排列在双键的两侧（图4-3）。反式脂肪酸会对健康产生负面影响，因为它们通常是在油脂的加工过程中（如氢化或油炸）产生。

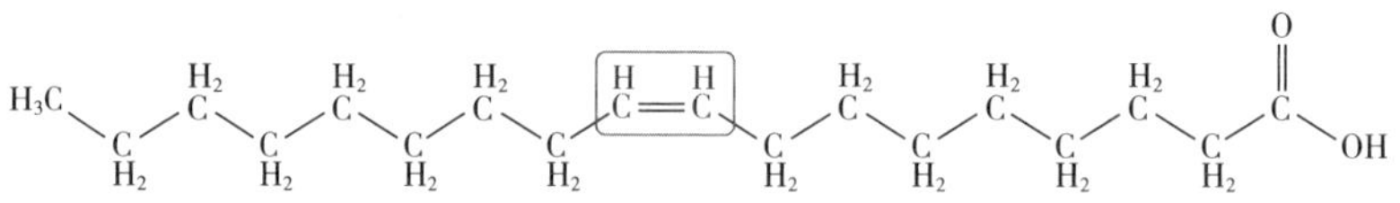

油酸（顺式十八烯酸）

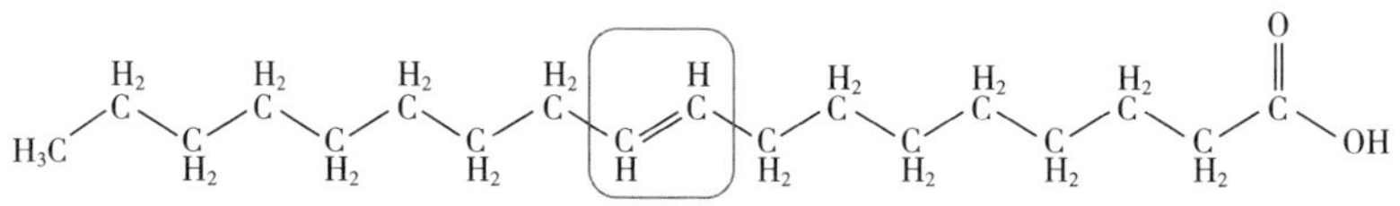

反油酸（反式十八烯酸）

图4-3　脂肪酸的顺式、反式异构体（蓝框强调突出双键上氢原子的位置）

某些脂肪酸的结构为共轭双键，即分子结构中单键与双键出现相间的情况（图4-4）。共轭双键结构非常重要，因为它不仅决定了类胡萝卜素的颜色和共轭亚油酸家族（至少28种同分异构体）的特性，还对健康有益（如控制体重、抗癌等）。应该注意的是，天然存在的脂肪酸多为含偶数碳原子、双键为反式构型，非共轭的脂肪酸。

$$—C—C=C—C=C—C=C—$$

图4-4　共轭双键，即由一个单键隔开两个双键

4.3　甘油三酯

酯化反应是醇跟羧酸生成酯和水的反应。脂肪和油的化学名称为甘油三酯（TAGs），由甘油和脂肪酸反应形成（图 4-5）。由甘油和 1 个脂肪酸酯化后得到的产物是单酰基甘油（甘油一酯）；和 2 个脂肪酸酯化后得到的产物是二酰基甘油（甘油二酯）；和 3 个脂肪酸酯化后得到的产物是三酰基甘油（甘油三酯），如果三个脂肪酸相同，称为简单三酰基甘油；如果三个脂肪酸不同，则称为混合三酰基甘油（图 4-6）。当甘油的中心碳原子连有四个不同的取代基时，该碳原子称为手性碳原子，且单酰基甘油、二酰基甘油和混合三酰基甘油都含有一个手性碳原子。为了区分甘油三酯中脂肪酸的位置分布，其碳原子按立体定向编号。费歇尔投影式中必须将碳原子 C-2 的羟基画在左边，顶部的碳原子是 C-1，底部是 C-3。然后，使用 sn-（立体定向编号法）区分脂肪酸的位置分布（图 4-7）。例如，1-油酰-2-硬脂酰-3-棕榈酰-sn-甘油，sn-1-油酰-2-硬脂酰-3-棕榈酰-甘油和 sn-甘油-1-油酰-2-硬脂酰-3-棕榈酰都是指相同的甘油三酯，且说明了脂肪酸酯化的位置。也就是说，甘油的—OH 基在 C-1 上与油酸发生酯化反应，在 C-2 上与硬脂酸发生酯化反应，在 C-3 上与棕榈酸发生酯化反应。如果写成"油酸脂（O）-硬脂酰（S）-棕榈酰（P）-甘油"，脂肪酸酯化的位置并不清楚，因为有六种排列可能，即 OSP，OPS，SOP，SPO，POS 和 PSO。因此，必须了解反应中（如脂间作用或甘油三酯结晶反应等）脂肪酸在甘油上的立体定向编号，因为它会对生成的甘油三

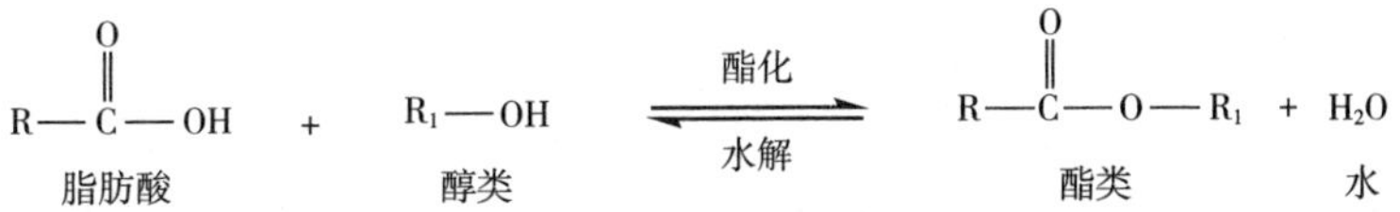

（a）酯化反应

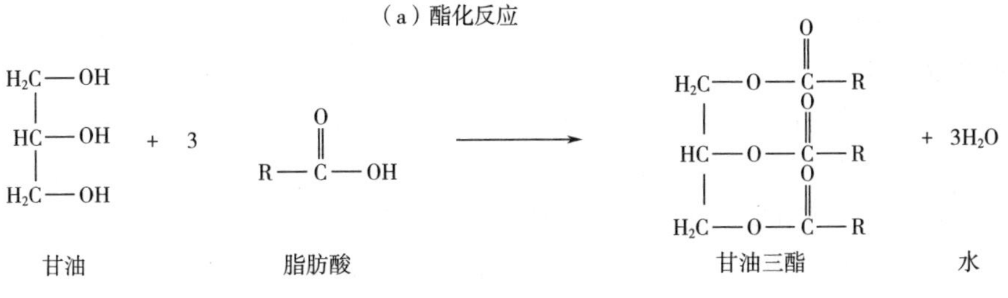

（b）甘油与脂肪酸发生酯化反应，生成甘油三酯

图 4-5　酯化反应和甘油三酯

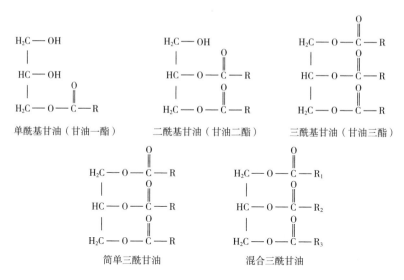

单酰基甘油（甘油一酯）　　二酰基甘油（甘油二酯）　　三酰基甘油（甘油三酯）

简单三酰甘油　　　　　　混合三酰甘油

图 4-6　甘油与脂肪酸发生酯化，生成不同类型的甘油酯

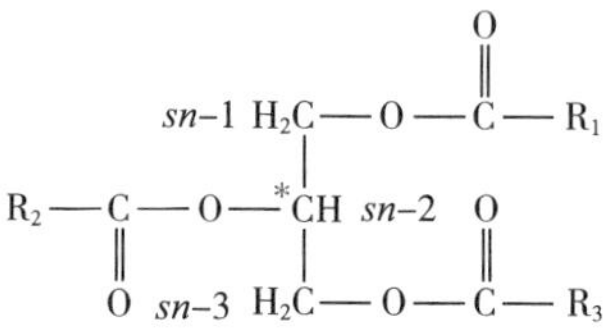

图 4-7　甘油三酯的费歇尔投影式，采用立体定向编号法表示甘油三酯的构型

酯的物理性质产生重要影响。虽然食品中脂肪酸的种类繁多，结构较为复杂，但仍然有一些规律可循。从油菜籽中提取的植物油含有高度不饱和的 18 碳脂肪酸。橄榄油和菜籽油中的油酸含量较高，大豆油和玉米油中的亚油酸含量较高，亚麻油中的亚麻酸含量较高。植物油中的可可油、椰子油和棕榈油的饱和脂肪酸含量较高。动物性脂肪的饱和程度排序如下：（饱和程度较高）乳脂>羊肉>牛肉>猪肉>鸡肉>火鸡肉>鱼肉（饱和程度较低）。最后，植物油中甘油三酯 sn-2 位上的脂肪酸大多是不饱和脂肪酸。

在磷脂中，甘油 sn-3 位上的羟基被磷酸酯化（图 4-8），使磷脂具有两亲分子结构，即一端具有亲水性，一端具有疏水性（亲油）。因此，磷脂能起表面活性剂作用，能使水、油形成稳定的乳液。磷脂被广泛应用于食品行业中，主要作为乳化剂应用于饮料、烘焙食品、沙拉酱和糖果等食品。富含磷脂的食物包括蛋黄、肝脏、大豆、小麦胚芽和花生。磷脂中最为常见的是卵磷脂。

鞘脂是一类含有鞘氨醇骨架的脂类。鞘氨醇是鞘脂中许多长链氨基醇的母体化合物（图 4-9）。例如，神经酰胺是鞘氨醇在 sn-2 位上连接 n-链脂肪酸组成的。神

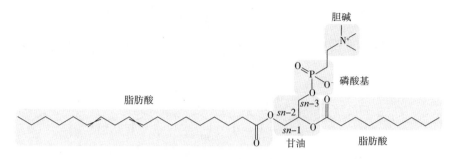

图 4-8　卵磷脂的结构，卵磷脂是食品中常见的一种磷脂

经酰胺的衍生物可由 *sn*-1 位上的—OH 基反应生成。鞘磷脂是一种由神经酰胺在 *sn*-1 上连接磷酸胆碱构成的鞘脂。若神经酰胺在 *sn*-1 位上与一个单糖残基（通常是葡萄糖或半乳糖）连接，则生成脑苷脂。若神经酰胺与含一种或多种唾液酸的低聚糖连接，则生成神经节苷脂（图 4-10）。这些化合物在信号转导和细胞调控中发挥着重要的作用，但是由于浓度过低，通常不被认为是膳食脂肪，不过这些化合物的作用仍在实践中不断被探索，不断被重新评估。富含鞘脂及其衍生物的食品包括乳制品、肉类、蛋类、黄豆和海鲜（如贻贝、扇贝等），水果和蔬菜中的含量较低。

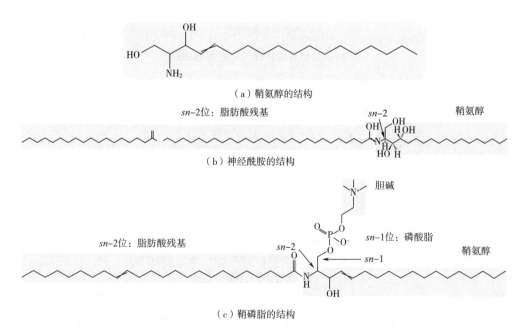

（a）鞘氨醇的结构

（b）神经酰胺的结构

（c）鞘磷脂的结构

图 4-9　鞘脂

类固醇（或甾族化合物）由侧链和以特定分子构型排列的环构成（图 4-11）。

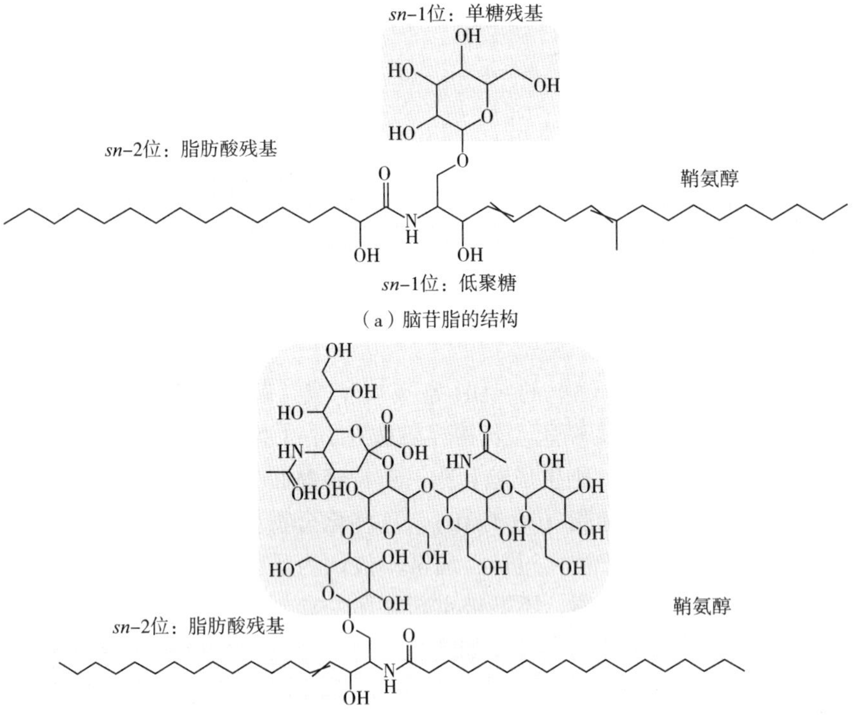

sn-1位：单糖残基

sn-2位：脂肪酸残基

鞘氨醇

sn-1位：低聚糖

（a）脑苷脂的结构

sn-2位：脂肪酸残基

鞘氨醇

（b）神经节苷脂的结构

图4-10　脑苷脂和神经节苷脂的结构

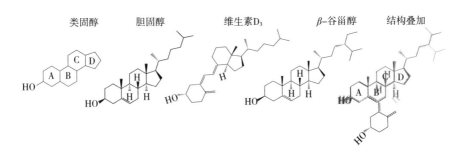

类固醇　　　胆固醇　　　维生素D₃　　　β-谷甾醇　　　结构叠加

图4-11　类固醇的结构

最后一张图片是前面图片的叠加，表明它们结构上的共同之处，由三个环己烷分子（A、B、C环）
与一个环戊烷分子（D环）组成

许多类固醇都能够维持和调节人体的生理功能，例如，胆固醇、胆汁、性激素（睾
丸素、雌激素）、肾上腺激素（皮质醇）和维生素D。食品中最重要的类固醇是胆
固醇。血液胆固醇过高，容易造成动脉粥样硬化，具有更高的心脏病发作、中风等
问题发生的风险。胆固醇主要来自红肉、蛋黄、肝脏和黄油。植物甾醇或甾烷醇又

称为植物固醇（如 β-谷甾醇或豆甾醇），它们在肠道内可以与胆固醇竞争，以减少身体对胆固醇的吸收。市场上有许多功能保健食品都加入了植物甾醇（如人造奶油或酸奶饮料），帮助降低总胆固醇水平。最后，蜡脂是脂肪酸酯和长链醇形成的混合物（甘油三酯除外）。巴西棕榈蜡、蜂蜡和小烛树蜡在食品行业中常用于水果涂膜剂和上光剂。

4.4　脂质氧化

脂质氧化，通常也称为氧化酸败，指脂类物质自发地进行氧化反应。它是食品败坏的主要原因之一。食品最终都会氧化，食品科学家的主要任务是将这类氧化反应延迟到食品的预期保质期之后。脂质氧化主要包括三种类型：自动氧化（三线态氧氧化）、光敏氧化（单线态氧氧化）和酶促氧化（脂氧合酶）。自动氧化是一个自由基参与的链式反应。自由基是含有未配对电子的原子或分子，很容易与其他物质发生氧化反应。自动氧化主要包括诱导期、传递期和终止期三个阶段（图 4-12）。

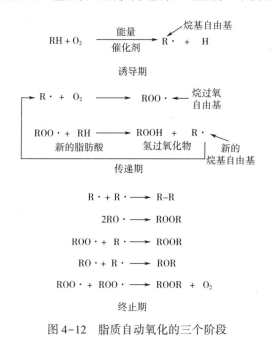

图 4-12　脂质自动氧化的三个阶段

诱导期：不饱和脂肪酸中双键上的氢原子较为活泼，容易被除去生成烷基自由基。金属离子（通常是 Fe、Cu、Mg 或 Ni）、紫外线辐射（光）、单态氧、脂氧合酶和高温都可以成为氧化反应的催化剂。此外，助氧化剂也可以直接与不饱和脂肪酸作用生成氢过氧化物或促进自由基的产生，从而加速氧化反应。传递期：烷基自由基形成后，迅速与空气中的氧生成烷过氧自由基（ROO·）。然后，烷过氧自由基与另一种脂肪酸反应生成氢过氧化物（ROOH）和新的烷基自由基。依此往复循环。终止期：新的烷基自由基相互作用或与抗氧化剂作用，生成非反应性分子。氢过氧化物主要的分解产物包括醛、酮、烃、酸等化合物，还可生成碳氢化合物等。这些化合物具有异味，从而使食品发生酸败。同时，它还会影响食品中生物活性成分，例如，使油产生异味、使甘油三酯的熔点发生变化、使食品变色、形成有毒化合物或失去原有的营养价值等。

单线态氧氧化（光敏氧化）

氧有两种类型，三线态氧（$^3O_2$）和单线态氧（$^1O_2$）。它们的主要区别在于电子排布状态不同。这解释起来较为复杂，但都可以在普通的化学教科书中找到，而这里需要讨论的是$^1O_2$的氧化能力比$^3O_2$更高。$^1O_2$可以通过光和光敏剂生成。光敏剂能吸收光能，并将能量转移至$^3O_2$从而生成$^1O_2$。然后，$^1O_2$直接与脂肪酸的双键发生反应，生成氢过氧化物。光敏剂（如叶绿素和核黄素）天然存在于食品中，在绝大多数情况下，都无法去除。

脂肪酸　　　　　　　　　　　　　氢过氧化物

自动氧化和光敏氧化的主要区别是光敏氧化没有自由基参与，也没有诱导期，而且光敏氧化受温度、脂肪酸的不饱和程度和食品的溶解氧含量的影响不大。此外，自动氧化和光敏氧化产生的氢过氧化物不同，最终分解的产物也不同（如醛）。因此，可以通过分析分解产物区分自动氧化和光敏氧化，从而判断是哪种类型的氧参与了反应。抗氧化剂对$^1O_2$的影响有限。不透光包装、真空包装、去除光敏剂或添加单线态氧猝灭剂（如维生素C、维生素E或类胡萝卜素）会减弱光敏氧化作用，最终效果还取决于食品组成。大豆油和牛奶需要避免阳光直射，因为容易发生光敏氧化。

水分活度是影响脂类氧化反应速率的重要因素。A_w与氧化反应速率之间的关系较为复杂，应根据每种食品的情况分别考虑。一般情况下，$A_w < 0.2$时，氧化速率

较快；$0.2<A_w<0.5$ 时，氧化速率较慢；$A_w>0.5$ 时（图 1–12），氧化速率较快。当 $A_w<0.2$ 时，即食品在干燥的状态下，催化剂活性较高（如 Fe、Cu、Mg 或 Ni），所以氧化速率较快。随着食品水分含量不断增加，催化剂活性开始下降，氧化反应速率开始放缓。当 $0.2<A_w<0.5$ 时，水分子会与传递期产生的极性氢过氧化物（ROOH）相互作用，因此氧化反应速率较慢；当 $A_w>0.5$ 时（图 1–12），催化剂恢复活性，水相黏度降低，这两者都会促进反应加快，导致氧化反应速率较快。反应速率的增加并不是由于水相中氧浓度的增加，因为氧化反应发生在脂相中。需要注意的是，氧在脂质中的溶解度比在水中的溶解度大好几倍。因此，对于含有易氧化脂质的食品，必须控制其水分活度和温度。此时，可以选择透水性较低的包装薄膜材料，防止食品储存期间出现水分流失或水分吸附（由于潮湿环境）。根据食品成分，也可以选择其他方法，例如采用真空包装、在包装中加入螯合剂（如 EDTA）、抗氧化剂或氧气清除剂。甘油三酯中脂肪酸的类型也会影响氧化反应速率，一般来说，双键数量越多，反应越快。例如，含 18 个碳原子和 1 个双键的油酸（18:1）的氧化速度要比含 18 个碳原子和 0 个双键的硬脂酸（18:0）快 100 倍左右，而含 18 个碳原子和 3 个双键的 α-亚麻酸（18:3）的氧化速度要比硬脂酸快 2000 倍以上。鱼油和植物油比较容易氧化，添加到食品配方中或在储存过程中需要特别注意。此外，残留在植物分离蛋白（如豌豆或大豆蛋白）中的不饱和脂肪酸会影响长时间存放的食品的稳定性。温度、氧含量、表面积（如散装油与乳剂；肉末与整块肉）和光线（紫外线和可见光）的增加都会加速脂类的氧化反应速率。因此，避免食品暴露在上述因素中可以提高食品的氧化稳定性。

　　抗氧化剂能防止或延缓食品氧化，但很难将它们进行分类，因为它们可以通过不同的机制延缓氧化。抗氧化剂可以抑制自由基、助氧化剂或氧化中间体的氧化反应。例如，自由基清除剂可以快速反应，清除（阻止）自由基，有效减缓氧化，抑制传递期和终止期的氧化作用。它们含有氢，可以与氢过氧自由基形成低能量的抗氧化自由基，阻止传递期的氧化作用。又如，螯合剂（如 EDTA）能与重金属离子强力螯合，去除重金属（如 Fe、Cu）；类胡萝卜素可淬灭单线态氧，清除自由基，阻止脂质过氧化；热处理（如烫漂处理）可以使脂氧合酶失去活性，减缓氧化作用。抗氧化剂可分为天然抗氧化剂（如维生素 E、维生素 C 或类胡萝卜素）和人工合成抗氧化剂［如丁基羟基茴香醚（BHA）、二丁基羟基甲苯（BHT）、特丁基对苯二酚（TBHQ）等，图 4–13］。抗氧化剂需根据食品成分、预期保质期和成本进行选择。一般来说，理想的食品抗氧化剂不会对人体造成任何伤害，也不会影响食品的色香味。同时，还需低浓度即有抗氧化作用，可溶于脂质，无挥发性，在加工过程中不发生变化。在选择抗氧化剂时，还应考虑成本、实用性和营销策略（如"纯天然"）。替代使用抗氧化剂的方法可以是隔绝氧气（如充氮包装、真空包装或应用氧气清除剂包装），去除敏感底物（如采用更稳定、含不饱和基团较少的不饱和油取代多不饱和油）或通过物理方法降低氧化速率（如低温保存、避光保存、选用氧化促进剂含量较低的脂类或天然抗氧化剂）。影响脂质氧化反应的因素见表4-3。

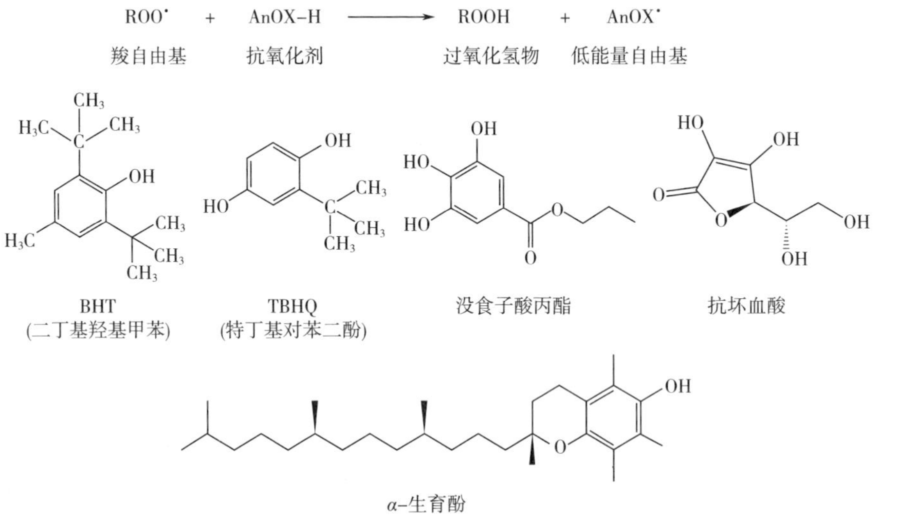

图4-13　自由基清除剂的作用机理（上）；某些人工合成和天然存在抗氧化剂的结构（下）

表4-3　影响脂质氧化反应的因素

参数	说明
氧	三线态氧和单线态氧。通常情况下，浓度越高，氧化越快
双键	双键越多，氧化越快
助氧化剂	过渡金属、$^1O_2$和脂氧合酶的存在，会促进氧化作用
温度	高温会使氧化速度加快
表面积	表面积越大，氧化的速率越快。例如，乳剂与散装油
水分活度	$A_w<0.2$时，氧化速率较快；$0.2<A_w<0.5$时，氧化速率较慢；$A_w>0.5$时，氧化速率较快
抗氧化剂	延缓$^3O_2$的氧化作用，但对$^1O_2$氧化影响有限
光	紫外线和可见光能够加速氧化
存储时间	储存时间越长，越容易氧化

　　脂解是指脂类在酶作用或加热条件下发生水解，释放出游离脂肪酸的过程，它会导致水解酸败（图3-33）。水解酸败和氧化酸败的反应机理和产物完全不同，注

意不要将二者混淆。在油炸过程中，随着食物中大量的水分进入油脂，在高温条件下，油脂发生水解。脂类在酶作用下水解的相关说明参见 3.4.4.3 章节。脂解可能会产生不良影响，例如破坏必需脂肪酸，产生的自由基破坏其他化合物，包括维生素和蛋白质。最常见例子的就是蔬菜（如豆类和豌豆）产生各种异味和臭味。

脂肪的分析测定

使用有机溶剂（如石油醚）提取样品中的脂肪，蒸发除去溶剂，干燥后称重，得到游离态脂肪的含量。这类方法称为溶剂萃取方法，其中，最常用的两种溶剂萃取方法是 Goldfish 法和索氏提取法。

在测定脂肪含量的同时，也可以结合食品的构成成分，选择恰当的溶剂测定脂肪的特性。许多技术分析方法都可用于分析脂肪的特性，具体情况需结合测定目的进行分析（表 4-4）。

表 4-4　脂肪分析常用方法及其主要目的

方法	目的
烟点、闪点和火点	测定试样开始冒烟（烟点）、点燃（闪点）或燃烧（持续燃烧）（火点）时的温度。烟点越高，越适合油炸
熔点	确定脂肪熔化的温度范围。对口感或存储非常重要
碘值	不饱和程度的指标。碘值越大，不饱和程度越大
皂化值	测定试样中油或脂肪的平均分子量。皂化值越小，说明油脂分子所含的脂肪酸碳链越长
游离脂肪酸（FFA）和酸值	测定油脂酸值的方法，说明在提炼或储存过程中，油或脂肪水解的游离脂肪酸含量。FFA 值越高，油或脂肪的品质越差
固体脂肪含量	测定在特定温度下试样中晶体脂肪（固体脂肪）的含量
总极性化合物含量（TPC）	衡量煎炸油品质的指标。煎炸油总极性化合物含量（TPC）超过 27%，达到报废标准
过氧化值	测定油或脂肪中氢过氧化物的含量。过氧化值越高，表明油或脂肪氧化的程度越高
茴香胺值和总氧化值	茴香胺值表示油或脂肪中醛类化合物的含量，总氧化值是过氧化值和茴香胺值的总和。数值越高表明油或脂肪氧化的程度越高
硫代巴比妥酸法（TBA）	测定丙二醛含量。丙二醛是脂肪氧化主要的次级产物。丙二醛浓度越高表明油或脂肪氧化的程度越高

4.5　脂肪结晶

4.5.1　晶体形成

　　晶体是由原子、分子或离子在三维空间按一定规律周期性重复排列构成的固体物质。非晶态固体，又称玻璃体。其内部原子或分子的排列无周期性。晶体中最基本的重复单位被称为晶胞。大多数晶体是对称的，也就是说，晶体经过某种变换（如旋转）后，晶格在空间的分布保持不变。晶体的结构对称可分为：点对称（对称中心）、轴对称（对称轴）、面对称（对称平面）。晶体通常可以分为七个不同的晶系，即立方晶系（NaCl）、六方晶系（冰）、四方晶系、三方晶系、正交晶系（甘油三酯）、单斜晶系（大多数糖）、三斜晶系（甘油三酯）。甘油三酯分子可以形成晶体，也可以在不同的加工条件下形成上述一种或多种晶系。在食品加工和储存过程中，通常会形成甘油三酯晶体，它会影响食品的特性、口感和物理稳定性。例如，晶体及其类型可能会影响某些食品的断裂性能、黏性（脂肪晶体在口中尚未融化时）、冷觉体验（晶体熔化需要吸收热量，所以在食用过程中会产生冷却效果），或物理稳定性（例如，食用油发生结晶和沉淀、相分离或巧克力泛起白霜）。

　　晶体是通过结晶形成的。结晶过程通常包括晶核的形成和晶体的成长两个阶段（图4-14）。以甘油三酯为例，在晶核形成的过程中，甘油三酯分子形成定向晶格，再溶解的倾向逐渐变小。若分子碰撞不成功，会继续重新溶解；若碰撞成功，则形成晶核。晶核或晶胚是一些微小的晶粒，是晶体的生长中心（图4-14）。临界半径（r_c）表示稳定晶核的最小尺寸。小于r_c的晶核溶解，而大于r_c的晶核继续生长。成核现象发生在溶液（如糖或盐溶液）或熔体（纯化合物，如只有甘油三酯）中。无论是哪种成核方式，都需要有足够的热力学驱动力。成核通常是通过降低温度（过冷）、或增加溶质浓度（过饱和）、或二者的某种结合方式来实现。冷却速率对甘油三酯的结晶及其特性起着至关重要的作用。冷却速率过慢，形成的晶体较大，杂质成分较多；而冷却速率过快，形成的晶体较小，但缺陷较多。所以，结晶发生在温度较高、冷却速度较慢的条件下较为适宜。但是实际上，结晶通常发生在温度较低（需要降低更多温度）、冷却速率较快的条件下。因此，可以通过控制冷却速率改变甘油三酯的物理性质，从而改善各种食品（如巧克力或人造黄油）的稳定性和感官体验。当晶核形成后，晶体继续生长，直至溶液不再处于过饱和状态或所有物质都已结晶（图4-14）。一旦晶核形成后，其他分子会沉积（附着）在晶核上，在三维空间周期性重复排列而形成晶体。晶体的生长模式类似于洋葱，越往外皮层变得越薄，因为生长晶体的表面积更大。杂质（如配方中其他食品成分）可能会影响成核速率和晶体生长，通常由于形成了新的晶核，分子开始沉积在新的晶核上。在某些情况下，它们会作为成核位点，增强成核效应。由于食品配方十分复杂，食品中存在某些杂质的情况非常常见。因此，若要重复生产相同的食品，必须仔细控制原材料和加工条件。当晶体形成后，在储存过程中就会发生重组。这一过程称为再结晶，即晶体大小、数量、形状或方向随时间发生变化（图 4-14）。如果储存温度临近熔点、运输过程中温度大幅波动或储存条件不当，容易发生再结晶。再结晶后晶粒的尺寸与食品成分、原始晶粒大小（即形成过程中的冷却速率）有很大关系。再结晶的方式可分为五种：等质量圆整（在储存过程中，形状发生变化），奥斯特瓦尔德成熟（大晶体生长，小晶体消失），吸积［临近晶体长为一体（粘在一起）］，融化-再冻结（在储存过程中，温度波动）和多晶型转变（在储存过程中，构型、构象发生变化，见下文）。对于绝大多数食品，吸积和融化-再冻结是两种极为重要的再结晶方式，而对于富含甘油三酯的食品，多晶型转变则是极为重要的再结晶方式。

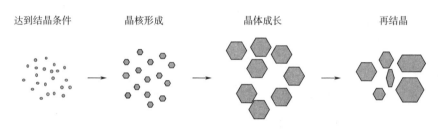

达到结晶条件　　　　晶核形成　　　　　晶体成长　　　　　再结晶

图 4-14　食品成分的结晶过程

4.5.2　甘油三酯的构象及同质多晶

固相甘油三酯通常为音叉式结构或椅式结构（图 4-15）。当甘油三酯结晶时，它们会根据其化学性质，以特定的方式并排形成晶胞。如果三种脂肪酸的化学性质都相同或非常相似，会形成双长链结构；如果其中一种或两种脂肪酸的化学性质不同，则会形成三长链结构（图 4-16）。

甘油三酯在晶体中的结合方式对脂肪的物理性质有巨大的影响。其中，最显著的特性是同质多晶，即同一化学成分的甘油三酯，因分子层堆垛次序不同而形成两种以上晶体结构的现象。同质多晶体是化学组成相同而晶体结构不同的一类化合物，但熔化时可产生相同的液相。甘油三酯的同质多晶体主要有 α、β 和 β' 型，它们的熔点和晶体性质各不相同；也可能存在其他同质多晶体（如 γ 或 α'），其物理性质存在细微的差别。在 α-晶型中，甘油三酯通常以垂直型音叉式结构堆叠；在 β'-晶型中，则以倾斜型音叉式结构堆叠；在 β-晶型中，则以椅式结构堆叠（图 4-17）。

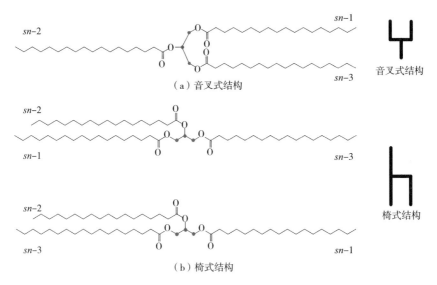

（a）音叉式结构

（b）椅式结构

图 4-15 甘油三酯（红点表示结构中的碳原子）

双长链结构   三长链结构

图 4-16 甘油三酯晶胞内的堆叠方式

垂直型音叉式（90°）   倾斜型音叉式（70°）   椅式（59°）
α-晶型 β'-晶型 β-晶型
随机堆叠   堆叠紧凑度居中   堆叠紧凑
熔点最低   熔点居中   熔点最高

图 4-17 甘油三酯的不同堆叠方式

脂肪晶体的结构和层次

根据观测的程度（结构放大的深度），脂肪的结构可以分为以下几个层次。甘油三酯分子相互结合形成片层，多个片层堆叠构成结晶区，进而形成纳米片。微小板相互组合形成脂肪球粒，然后再进一步聚合形成大块脂肪［Tang, Marangoni, *Adv. Colloid Interface Sci.*（《胶体与界面科学期刊》），2006 年，128-130 页，257-265 页］。

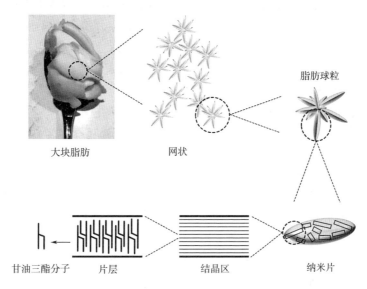

需要强调的是，各结构层级表现出的特性决定了油或脂肪的基本特点，如涂抹特性、熔化特性或感官特性等。对于尺寸在 1~200μm 之间的油或脂肪，其基本特点由其各结构层级之间的相互作用决定。因此，食品技术人员可以在这个观测程度上改变油或脂肪的晶体性质，从而改善或调整食品的物理性质或保质期。

当液态脂肪冷却时，在大多数情况下会先形成 α-晶型，因为 α-晶型更易成核。在成分相对均匀的脂肪中，α-晶型只能短暂存在，它会转变为相对更稳定的 β′-晶型。在一定条件下（如恒温），β′-晶型可以转变为 β-晶型。从不稳定晶型（α-晶型）转变为更稳定晶型（β-晶型）这一过程不可逆，其中，时间和温度是主要决定因素。这一过程被称为脂肪的晶型转变（或转化）。晶型转变的速率取决于甘油三酯的均匀性。均质的甘油三酯会迅速转化为较为稳定的 β-晶型，非均质的甘油三酯可能会存在 β′-晶型。食品加工过程中，食品配方、冷却速率、剪切力等都可能影响晶体形成的数量和类型。由于油脂是由甘油三酯组成的混合物，通常是多种晶型同时存在。在储存过程中，晶型的转变可能会改变油脂的特性从而影响质量，因此，必须严格控制食品配方和工艺参数。

甘油三酯在晶体中的堆叠及其晶型的转变会影响油脂的热特性、形态特性和光学性质。最重要的是，会影响油脂的一个重要特性——熔点 (T_m)：（熔点低）α-晶型 < β'-晶型 < β-晶型（熔点高）。某些食品的性质，如巧克力或酥油，容易受到晶型影响，只有形成恰当的晶体时，食品才会具备所需的特性。例如，可可脂存在多种晶型，而最理想的晶型是 β-晶型。回火工序主要受时间-温度关系的影响，只有精准控制回火工序才能确保可可脂形成 β-晶型。其他所有不佳的晶型都会在回火工序中熔化，只有具有最佳熔融特性的 β-晶型得以保存。在不恰当的温度下储存或回火工序操作不当时，脂肪会从晶体之间的空隙中移动到巧克力的表面，从而形成脂霜（表面出现白色"斑点"）。虽然这不会对人体健康产生危害，但是会成为产品失败的主要原因。

起酥油是可用于起酥或软化烘焙产品的食用脂肪，它由具有多晶型的固体脂肪组成。例如，在制作烘焙食品（如蛋糕或松糕）时，若起酥油为 β'-晶型，会产生大量小气泡；如果为 β-晶型，则会产生少量大气泡。因此，如果要在面糊中形成大量小气泡，增大烘焙食品的体积，并使其口感更加柔软，需要首选 β'-晶型的起酥油。此外，在某些烘焙产品中，起酥油的熔点会直接影响食品入口即化的口感。例如，在生产人造奶油的过程中，加入 β'-晶型的起酥油以及 β'-晶型稳定剂（如氢化棉籽油）会使食品质地更加密实滑腻，口感更佳。

人造黄油是一种油包水（W/O）乳液，微小的水滴均匀分散在连续的脂肪相中。脂质通常是多种油与脂肪组成的混合物。其中脂肪和油的比例对人造黄油的性能（如涂抹特性）具有决定性意义。同时，也可以通过添加乳化剂（卵磷脂、单/双甘油酯）、调味香料、色素、抗氧化剂等产生所需特性。在生产人造黄油的过程中，通常首选 β'-晶型，因为它们颗粒较小，能够使食品具有更佳的涂抹特性和结构特性。高 β-晶型含量会使颗粒较大，最终导致人造黄油更脆更硬；而低 β-晶型含量会导致人造黄油过于油滑。人造黄油的可涂抹性和入口即化的特性是由其固体脂肪含量和晶体结构决定的。可涂抹性要求人造黄油在冰箱中冷藏后再拿到室温下（4~22℃）时，仍能保持良好的可塑性，而入口即化则要求人造黄油在口腔中（35~37℃）快速融化，迅速释放风味。很明显，这两种特性是相互冲突的，需要对人造黄油晶体的结构深入了解后，才能生产出具有理想结构特性的人造黄油。

除了晶体结构，脂肪酸的主链长度和双键的数量也会影响熔点 (T_m) 高低。通常情况下，主链越长，熔点 (T_m) 越高，双键的数量越多，熔点 (T_m) 越低。直链脂肪酸熔点 (T_m) 高于同碳数的支链脂肪酸。双键的构象也有影响，因为反式双键可以形成直链，反式双键的脂肪酸的熔点会高于顺式双键的脂肪酸。此外，双键在链中的位置也很重要，因为两个共轭顺式双键（—CH＝CH—CH＝CH—）比两个非共轭式双键（—CH＝CH—CH₂—CH＝CH—）更容易形成直链（表4-5）。

表4-5　影响甘油三酯熔点（T_m）的因素（所有因素之间的相互作用会影响实际熔点）

低熔点	高熔点
主链长度较短	主链长度较长
饱和程度低	饱和程度高
支链	直链
顺式结构	反式结构
非共轭双键	共轭双键
α-晶型	β-晶型

4.5.3　脂肪的其他性质

天然脂肪是各种甘油三酯的混合物。因此，它们在熔化时存在一定的温度范围，而不是某一个特定的温度（如冰在0℃时融化）。在加工温度下，基本所有的食用脂肪非100%固态，这也就是说，一定比例的脂肪在特定温度下总是呈液态。固体脂肪含量（SFC）是在一定温度下固体脂肪与液体脂肪的比例。SFC是一种决定脂肪功能的重要特性（图4-18），它与温度、温度-时间曲线以及甘油三酯组成有关，可以影响脂肪类食品的外观和稳定性（如沙拉酱、人造黄油或黄油的涂抹特性等），巧克力入口即化的口感，烘焙食品的质地，以及加工的难易程度。

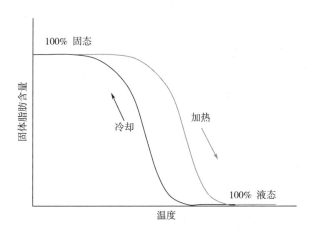

图4-18　固体脂肪含量随温度的变化（在加热和冷却过程中，观察到滞后现象）

化学作用可以使甘油三酯的物理性质发生改变。例如，氢化作用将氢加成到脂肪酸链的双键上，使液体油转化为半固态脂肪（如人造黄油、起酥油），从而改变油脂的结晶行为，提高油的抗氧化稳定性。氢化作用通常以 H_2 和 Ni 为催化剂（图4-19）。在氢化过程中，部分双键发生位置异构或转变为反式构型（反式脂肪酸），反式脂肪最大的健康危害是会增加患心血管疾病的风险。然而，随着食品行业不断发展，逐渐转向替代技术，如完全氢化、酯交换反应或其他现代技术（脂肪酸蒸馏分离、改良的氢化方法、结晶作用、乳化新技术）能够保证在制作过程中不会产生不健康的反式脂肪酸。

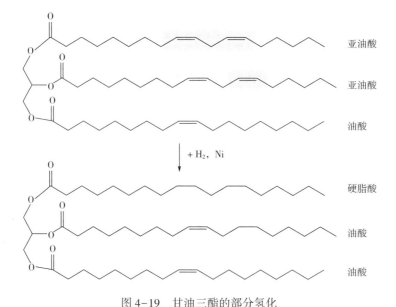

图 4-19　甘油三酯的部分氢化
蓝色的双键被氢饱和（绿色）。由于是部分氢化，有两个化学键没有受到影响（黄色）

酯交换反应是改变脂肪酸在甘油三酯中的分布（"重排"），它与氢化反应相同，都可以控制熔点和/或结晶，但不同的是，它不会改变脂肪酸组成（图4-20）。此外，与氢化反应相比，酯交换反应产生的反式脂肪酸含量极低。酯交换反应是一

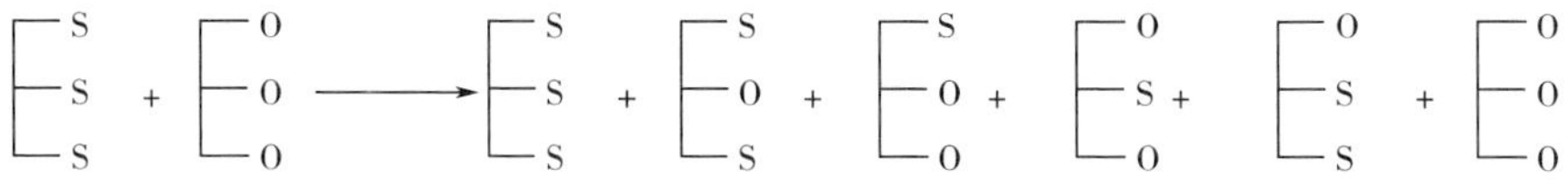

图 4-20　两种甘油三酯的酯交换反应改变了脂肪酸在甘油三酯中的分布，生成了甘油三酯混合物
S：硬脂酸，O：油酸

类比较复杂的化学反应，可以采用催化剂或酶制剂催化脂肪酸的交换，常用于生产起酥油、人造黄油或糖果油等。

4.6 课后练习

4.6.1 选择题

1. 脂类包括甘油酯、磷脂、鞘脂、类固醇、蜡脂、脂溶性维生素和类胡萝卜素。

（a）除脂溶性维生素外，其他都属于脂类

（b）正确，都属于脂类

（c）除脂溶性维生素和类胡萝卜素外，其他都属于脂类

（d）除脂溶性维生素、类胡萝卜素和蜡脂外，其他都属于脂类

2. 脂肪酸简写为 18:2，表示：

（a）含有 18 大卡（不是 9 大卡）和零反式脂肪的脂肪酸

（b）含有 18 个碳原子和 2 个不饱和双键的脂肪酸

（c）来自牛油果油的 ω-3 脂肪酸

（d）含有 18 个双键和 2 个反式双键的脂肪酸

3. 反式异构体的特点包括：

（a）可转化为甘油的脂肪酸

（b）在特定加工条件下，可转化为多不饱和脂肪酸

（c）碳原子上的氢原子排列在双键的同一侧

（d）碳原子上的氢原子排列在双键的两侧

4. 甘油三酯通过（　　　）和（　　　）酯化形成：

（a）甘油和三种脂肪酸

（b）甘油、两种不饱和脂肪酸、一种类胡萝卜素

（c）甘油和三种单糖

（d）甘油和三种氨基酸

5. 立体定向编号是：

（a）区分脂肪酸在甘油上不饱和程度的方法

（b）区分脂肪酸在甘油上立体异构的方法

（c）区分脂肪酸在甘油上异构的方法

（d）区分脂肪酸在甘油上位置分布的方法

6. 一种脂质可以形成多种形式结晶的现象称为：

（a）同质异构

（b）多同型

（c）同质多晶

（d）晶体衍射

7. 脂类最常见的三种晶型包括：

（a）α-晶型，β'-晶型和β-晶型

（b）α-晶型、β-晶型和γ-晶型

（c）α-晶型，β'-晶型和γ'-晶型

（d）α-晶型、γ-晶型和α'-晶型

8. 三酰甘油在固相中的形状有：

（a）音叉式或椅式

（b）音叉式或船式

（c）盘式和蛋盒式

（d）盘式和矛式

9. 脂类氧化分为以下几个阶段：

（a）诱导期、传递期、终止期

（b）激活期、传递期、终止期

（c）激活期、传递期、终止期、恢复期

（d）激活期、传递期、恢复期

10. 氢化指：

（a）将氢加成到双键上，以生产人造黄油

（b）将氢加成到双键上，以生产黄油

（c）将氢加成到单键上，以生产人造黄油

（d）将氢加成到单键上，以生产黄油

4.6.2 简答题-深入阅读

1. 画出顺式亚油酸的结构（18:2 $\Delta^{9,12}$，顺式双键）。画出瘤胃酸（18:2 $\Delta^{9,11}$）的结构，9为顺式，11为反式。

2. 在线阅读：网上搜索"共轭亚油酸"，并了解其结构和健康益处。

3. 画出甘油三酯 sn-1-油酸-2-硬脂酸-3-棕榈酸的结构。

4. 画出磷脂酰肌醇、磷脂酰乙醇胺、磷脂酰胆碱和磷脂酰丝氨酸的结构。比较它们的结构，并在网上搜索"膜脂"的意思。

5. 一家面包店使用豌豆粉做素食松饼。豌豆粉中含有约1%脂肪，脂肪中的不饱和脂肪酸含量较多。在室温下放置一天后，松饼发臭变质。请分析原因，并讨论

发生的化学反应及影响该化学反应速率的因素。如何做才能抑制该化学反应，从而延长松饼的保质期？

6. 一家巧克力工厂生产出了一种巧克力，但是其熔点接近 26℃，表面暗淡无光，不酥脆。这是形成了哪种晶型？如何做才能改善巧克力的物理性质？请按熔点增加的顺序依次列出油脂的晶型类型。

7. 一家生产商使用植物油来煎炸薯片。深度油炸会导致油脂的水解和氧化。分析此过程中发生的反应及其生成的产物。如何最大程度抑制油脂的水解？

8. 在线阅读（深层次）：在线搜索"狄尔斯-阿尔德反应"及其与煎炸油的关系。

9. 延伸阅读：阅读文章 Mechanisms and factors for edible oil oxidation（《食用油氧化机理及因素》）（2006）；作者：Choe，E.，Min，D.B.；期刊：Comprehensive Reviews in Food Science and Food Safety（《食品科学与食品安全综合评论》），5（4）：169-186 页。

- 列出并讨论影响食用油氧化的因素
- 讨论食用油中生育酚和类胡萝卜素的抗氧化机制

10. 延伸阅读：阅读文章 Advances in our understanding of the structure and functionality of edible fats and fat mimetics（《关于可食用脂肪和脂肪模拟物结构和功能的研究进展》）；作者：Marangoni，A.G.，van Duynhoven，J.P.M.，Acevedo，N.C.，Nicholson，R.A.，Patel，A.R.；期刊：Soft Matter，16（2）：289-306 页。

- 讨论油脂晶体网络中甘油三酯如何形成大块脂肪，并指出各尺度标准。
- 列举四种测定纳米片状甘油三酯厚度的试验方法
- 讨论生成脂肪模拟物的主要方法

4.6.3 填空题

1. 脂肪酸之间的主要区别在于：碳链的_____和_____程度。

2. $\Delta^{x,y,\cdots}$ 也可以用来表示_____的位置。

3. 天然存在的脂肪酸双键多为_____构型。

4. 共轭双键是指分子结构中_____键与双键出现相间的情况。

5. 前缀 sn 用于区分脂肪酸的_____。

6. 植物固醇也被称为_____。

7. 脂类的氧化主要包括三种类型：_____、_____和_____。

8. 过氧自由基与另一种脂肪酸反应生成_____。

9. 油脂的晶型按熔点增加的顺序依次为：_____ < _____ < _____。

10. 脂肪从不稳定晶型转变为较为稳定的晶型的过程被称为_____。

11. 只有精准控制_____工序，才能确保巧克力形成最佳晶型。

12. _____是指在一定温度下固体脂肪与液体脂肪的比例。

13. 酯交换反应可以采用_____或_____催化脂肪酸的交换。

第 5 章　褐变反应

📖 学习目标

- 描述酶促褐变的机理
- 讨论酶促褐变的控制措施
- 讨论非酶促褐变的反应
- 区分焦糖风味和焦糖色素的形成
- 描述美拉德反应

5.1　概述

食品中的褐变包括酶促褐变和非酶促褐变两类。酶促褐变在褐变过程中需要酶的参与，而非酶促褐变则不需要酶的参与。如下文所述，非酶促褐变包括多种不同性质的化学反应。这两种褐变反应的最终产物都是深褐色的聚合物，但是由于参与反应物不同，发生褐变反应的化学途径也不同。褐变反应在食品加工中具有重要意义，某些食品中的褐变是有益的，而某些食品中的褐变是有害的。据估计，水果和蔬菜产量的损失超过 50% 是由酶促褐变造成的。尽管如此，酶促褐变对某些食品的有益影响比较大，它能够让食品如茶叶或葡萄干具有特有的色香味。如果加工条件控制适当，非酶褐变在大多数情况下都是有益的，虽然偶尔会产生负面影响。例如，饼干在烘烤过程中需要发生适当的褐变，否则饼干不会具有良好的外观色泽和适口的风味。此外，非酶褐变还可运用于新食品开发。例如，即便是相同的咖啡豆，可以通过改变烘焙条件，生产出口味不同的咖啡产品。因此，我们可以根据实际需求和用途，充分利用食品中的褐变反应，在不同的场合环境中达到所渴望的效果。本章节介绍了食品褐变的化学原理以及控制褐变反应的相关措施。

5.2　酶促褐变

酶促褐变会极大地影响新鲜的水果、蔬菜和海鲜的色泽。催化酶促褐变反应的酶类主要为多酚氧化酶（PPO），PPO 广泛存在于植物、真菌、节肢动物和哺乳动物的质体中（图 5-1），也称为酚氧化酶、酚酶、单酚氧化酶、二酚氧化酶、儿茶酚氧化酶或酪氨酸酶。虽然动植物体内、真菌组织中的酶在基本结构、分子量或底物特异性等方面各不相同，但是它们所起的催化作用基本相同（同工酶）。

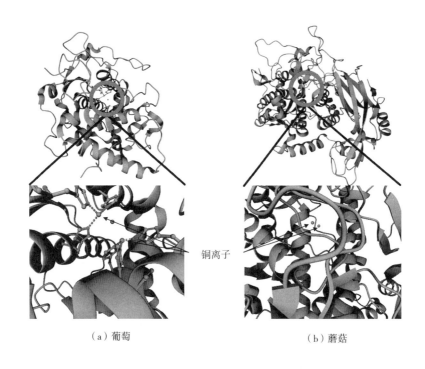

铜离子

（a）葡萄　　　　　　　　　　（b）蘑菇

图 5-1　葡萄和蘑菇中的多酚氧化酶的结构

结构放大后，显示多酚氧化酶活性必需的铜离子。虽然这两种蛋白质的结构不同，但它们都具有相似的酶活性。图片采用 PyMOL 软件根据 PDB 统一编码 2P3X 和 5M6B 绘制

5.2.1　褐变反应和底物

食品发生酶促褐变，必须具备三个条件，即同时存在酶类物质、底物和氧气。此外，多酚氧化酶（PPO）属于含金属的酶类，铜离子为酶的活性中心。上述因素缺一不可，否则，无法发生酶促褐变。

多酚氧化酶（PPO）可以催化两类不同的反应：一元酚羟基化，生成相应的邻二羟基化合物（一元酚氧化反应）；邻二酚氧化，生成邻醌类物质（二元酚氧化反应）（图 5-2）。这两类反应都必须有氧分子的直接参与。反应最终生成黑色素，一种深棕色的不溶于水的化合物。漆酶是一种含铜离子的多酚氧化酶，它能够氧化对二酚。而 PPO 能够氧化邻苯二酚。这两种酶都具有较低的特异性，能够氧化多种基质。此外，阿魏酸可以通过漆酶作为催化剂与阿拉伯木聚糖发生交联，从而提升面团品质，使烘烤的面包心更加松软。

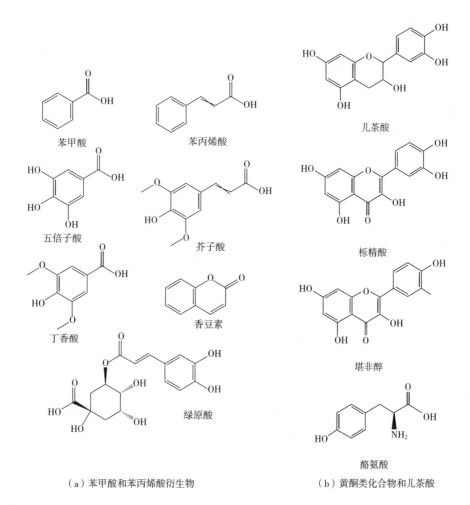

图 5-2 多酚氧化酶的催化反应

PPO 的作用底物是芳香环上联结一个或多个羟基的酚类化合物（如酪氨酸、儿茶酚、绿原酸、香豆酸或儿茶酸）（图 5-3）。在正常发育的植物组织中，由于多酚

苯甲酸

苯丙烯酸

儿茶酸

五倍子酸

芥子酸

栎精酸

丁香酸

香豆素

堪非醇

绿原酸

酪氨酸

（a）苯甲酸和苯丙烯酸衍生物　　　　　（b）黄酮类化合物和儿茶酸

图 5-3 多酚氧化酶的作用底物

类物质分布在液泡内，而 PPO 分布在各种质体或细胞质内（如叶绿体），因此，即使它们与氧同时存在也不会发生褐变。当植物体受到机械损伤（如切割或擦伤）或出现衰老（老化）时，细胞膜结构被破坏，PPO 和酚类底物混合发生反应，从而发生褐变。对于甲壳类动物（如虾），PPO 主要存在于其甲壳中（"头部"）。动物死后，消化道或其他组织的蛋白质发生水解，从而释放出底物。在蘑菇中，PPO 存在于所有组织中，这导致蘑菇特别容易被氧化变成褐色。植物 PPO 的含量受诸多因素影响，如品种、成熟程度、生长环境等。PPO 与底物的相互作用的特异性源于酶的结构的特异性。此外，酚类化合物可以作为 PPO 的竞争性抑制剂，如 3.4.2.4 章节所述。

5.2.2 控制措施

抑制 PPO 活性的方法主要是通过消除其活性成分中的一种或多种基本成分（即氧气、酶类物质、铜离子或底物）。通常包括以下五种方法：

1. 针对底物采取的措施，例如除去氧气，将水果或蔬菜进行真空包装或浸泡在水、糖浆或盐水中。具体的操作方法视食品的具体类型而定。

2. 针对酶类物质采取的措施，例如加入能够去除活性位点铜离子的螯合剂（EDTA，多元羧酸等）或使酶发生变性（通常选用热处理法实现，如烫漂）；也可以使用各种有机酸（如柠檬酸、苹果酸或酒石酸）降低 pH 值，从而降低酶的活性。因为酶催化活性最佳的 pH 值约为 6.5。

3. 低温保存，如冷藏或冷冻。低温会降低酶的反应速率，但不会消除酶的活性。

4. 干燥，即在低 A_w 环境下，会抑制或终止酶的催化反应。然而，这种方法不切实际，因为干燥消耗的时间已经足够让 PPO 催化酶促褐变反应。因此，需要再增加一个中间步骤。

5. 针对反应产物采取的措施，例如加入能够与 PPO 活性产物反应的化合物，从而防止食品变成褐色。维生素 C 和亚硫酸盐等还原剂能够抑制黑色素的形成，因为它们能够将色素母体（邻醌类物质）还原成无色、活性较低的邻二元酚（图 5-4）。维生素 C 通常用作饮料添加剂，保证果汁或果浆的颜色持久；或作为抗氧化剂抑制水果因脱水（如制作香蕉片或芒果干）而出现氧化变色。

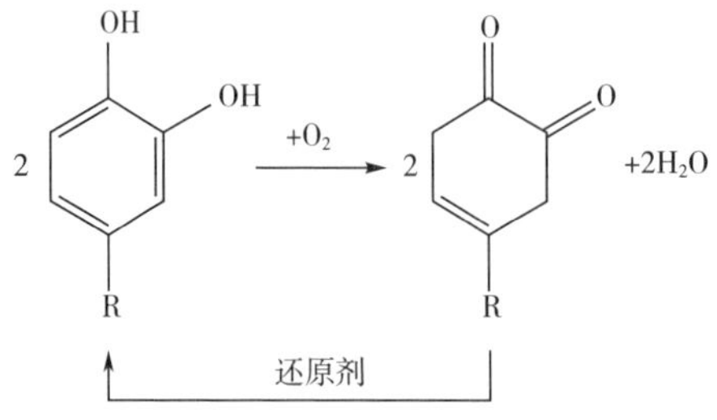

图 5-4 还原剂将邻醌类物质还原为无色的邻二元酚

5.3　非酶促褐变

非酶促褐变即褐变过程中没有酶参与，主要包括焦糖化褐变、抗坏血酸褐变和美拉德反应。这三种非酶促褐变的反应原理各不相同。

5.3.1　焦糖化褐变

焦糖化褐变包含两种涉及糖的不同反应。其中一种反应会产生焦糖色素，另一种则会产生焦糖味。焦糖色素主要用于食品着色，在浓度允许范围内不会影响食品的风味。而焦糖味是在食品加工过程中产生，主要用于增添食品的风味。例如，在酿造啤酒的过程中，麦芽的焦糖化程度会影响啤酒的口感。而加入焦糖色素，则对啤酒的味道没有任何影响。又例如，在烘焙饼干的过程中，面团表面的糖质成分产生了焦糖化反应，同时产生一些具有特征效应风味的挥发性物质。而在饼干中加入焦糖色素，可用来增加焙烤食品外观的吸引力，它并不会影响饼干的味道。需要说明的是，食品添加剂中的"焦糖"（150a, 150b, 150c, 150d）指的是焦糖色素。

5.3.1.1　焦糖味

焦糖化反应是指糖类在高温（一般是 100℃以上）加热的条件下发生降解，而生成一些有独特风味的挥发性物质。焦糖化反应在酸碱条件下都可以进行。焦糖化反应通常在接近中性（pH 值 7.0 左右）时反应速率最低，在酸性（pH 值低于 3.0）和碱性（尤其是 pH 值高于 9.0）条件下都会加速。焦糖化反应生成一种复杂的混合型化合物，具有特殊的苦涩味和焦糊味，是食品不可缺少的风味物质。不同类型的糖类、不同反应条件下，发生焦糖化反应的温度和最终产物不同。果糖的焦糖化温度最低（约为 110℃）；其次是半乳糖、葡萄糖和蔗糖（约为 160℃）；然后是麦芽糖（约为 180℃）；最后，乳糖的焦糖化温度最高（约为 203℃）。随着焦糖化反应的进行，挥发性化学物质被释放，特别是生成了糠醛和麦芽醇衍生物这类具有焦糖风味的物质。具体来说，焦糖化反应产生了羟甲基糠醛（HMF）、羟基乙酰呋喃（HAF）、二甲基羟基呋喃酮（HDF）、麦芽醇和羟基麦芽醇。这些物质能够增加食品的香味，例如硬块焦糖、咖啡、干果、黑啤酒和烘焙食品等（图 5-5）。此外，双乙酰也是一种应用广泛的、令人喜爱的食用香料，具有强烈的奶油香味。双乙酰通常在食品发酵（如啤酒或酸奶）中产生。

5.3.1.2　焦糖色素

焦糖化反应生成焦糖色素，焦糖色素是一种在食品工业中应用十分广泛的着色剂。焦糖色素一般按不同的生产工艺（是否存在氨化合物或亚硫酸盐）分为四类。

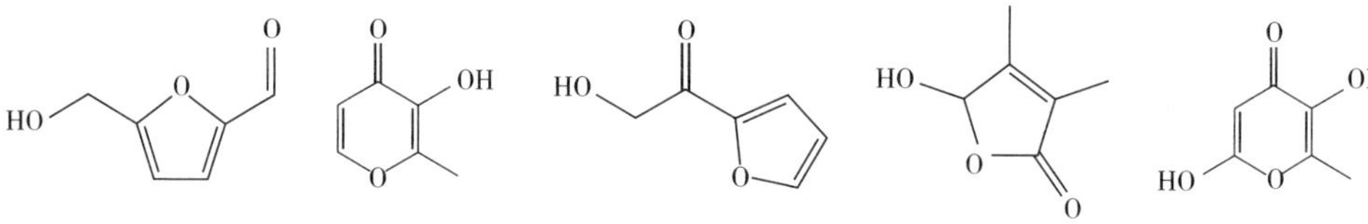

| 羟甲基糠醛 (HMF) | 麦芽醇 | 羟基乙酰呋喃 (HAF) | 二甲基羟基呋喃酮 (HDF) | 羟基麦芽醇 |

图 5-5　焦糖化反应的产物，具有特殊的香味

Ⅰ类焦糖，又称清白焦糖（苟性焦糖），不含氨化合物或亚硫酸盐等成分。Ⅱ类焦糖（苟性亚硫酸盐焦糖）是用亚硫酸盐处理的焦糖，不含氨化合物。Ⅲ类焦糖（氨焦糖）含氨化合物，不含亚硫酸盐。Ⅳ类焦糖（亚硫酸盐氨焦糖）是用氨类化合物和亚硫酸盐法共同加工的而成的化合物（表 5-1）。焦糖视其生产方法的不同，可以带正电荷，也可以带负电荷。因此，在某些食品应用中，焦糖是一种关键的食用添加剂，在选用时必须注意，否则将会对使用的效果产生影响。带正电荷的焦糖色素，不应该添加至存在负电荷分子的食品中。例如，在软饮料饮品中（如可乐或咖啡味饮品）使用的焦糖色素必须带强负电荷，而啤酒的中使用的焦糖色素必须带正电荷。又如，在茶饮料中添加焦糖色素，能够使产品达到独特且诱人的色泽。茶饮料中含有一类叫"茶鞣"的物质，使用恰当的焦糖色素（亚硫酸盐氨焦糖），能有效防止沉淀现象的发生。

表 5-1　各类焦糖色素的基本特征

特征属性	焦糖色素种类			
	Ⅰ类焦糖（150a）清白焦糖	Ⅱ类焦糖（150b）苟性亚硫酸盐焦糖	Ⅲ类焦糖（150c）氨焦糖	Ⅳ类焦糖（150d）亚硫酸盐氨焦糖
颜色				
亚硫酸盐	否	是	否	是
氨化合物	否	否	是	是
电荷	弱负	负	正	强负
在乙醇中的稳定性	+	+	−	−
在鞣质中的稳定性	−	+	−	+
在酸中的稳定性	−	+	+	+
应用	蒸馏酒、谷类食品、烘焙食品，宠物食品	茶、利口酒（干邑白兰地、苦艾酒、白兰地酒）	啤酒、调味酱，肉汁	软饮料、碳酸饮料

5.3.2　抗坏血酸褐变

抗坏血酸（即维生素 C）褐变反应主要发生在酸性食物中，例如果汁、某些脱水水果等。随着反应的进行，抗坏血酸不断流失，导致食物营养价值降低。抗坏血酸在合适的条件下可氧化生成脱氢抗坏血酸，然后水合形成 2，3-二酮古洛糖酸（图 5-6），再进一步脱羧脱水生成呋喃甲醛、乙基乙二醛等物质。这些生成的化合物发生史崔克降解与氨基酸聚合或反应形成褐色素（详见第 5.3.3.2 章节）。抗坏血酸接触到氧气后，会发生氧化反应。当所有抗坏血酸消耗完毕后，才会呈现褐色。这种反应可以发生在温度较低的情况下，低 pH 和氨基酸或蛋白质的存在会加速褐变。

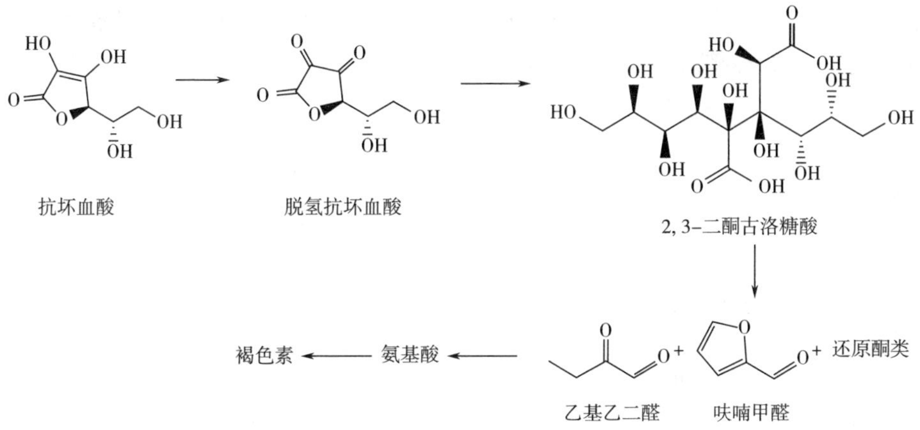

图 5-6　抗坏血酸褐变的反应途径

5.3.3　美拉德反应

美拉德反应是广泛存在于食品工业的一种非酶褐变，它是还原糖类和氨基酸或蛋白质间的反应。美拉德反应能够产生十分浓郁的香气和风味（如面包、酱油、咖啡或巧克力），但是美拉德反应过度也会产生焦糊味、颜色过深和某些致癌物质（如薯片、乳制品或玉米淀粉）。只要食品中含有还原糖和氨基酸，加热时就会发生美拉德反应。由于热处理方法是目前应用最广的保存食品的方法，所以美拉德反应是一种在食品中非常常见的褐变现象，同时，美拉德反应可以赋予食品很多独特的风味。对于某些食品（特别是氨基酸含量很低的食品），如烘焙咖啡豆或可可豆，美拉德反应可能会导致必需氨基酸（如赖氨酸）的流失，不过，从均衡饮食的角度衡量，这并不是一个十分严重的问题。美拉德反应是一个十分复杂的反应过程，其反应途径仍在不断探索中。然而，根据颜色和气味的特点，美拉德反应通常分为三个阶段。

5.3.3.1 起始阶段和阿马多里重排

起始阶段是一个无色、无味的可逆反应阶段。第一步是还原糖的羰基和氨基酸的氨基缩合生成席夫碱，然后席夫碱环化形成 N-葡萄糖基胺（图5-7）。由于反应属于缩合反应，即生成水，所以如果水分含量较低，可以达到最大反应活性。在酸性条件下，氨基处于质子化状态，不利于美拉德反应继续进行。在美拉德反应中，戊糖（如阿拉伯糖）比己糖（如葡萄糖）更容易发生反应，醛糖（如葡萄糖）比酮糖（如果糖）更容易发生反应。单糖比还原性双糖（如乳糖、麦芽糖）更容易发生反应，而非还原性双糖（如蔗糖）则不能发生美拉德反应。强碱性氨基酸（如赖氨酸）比其他氨基酸更容易发生反应。第二步是阿马多里重排（Amadori 重排），即 N-葡萄糖基胺在酸催化下异构为相应的1-氨基-1-脱氧-2-酮糖（Amadori重排产物），称为酮胺。

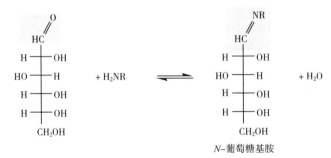

（a）还原糖与氨基酸的缩合反应

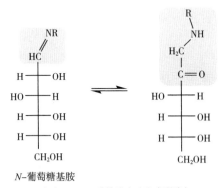

（b）Amadori重排反应（生成酮胺）

图5-7 美拉德反应的起始阶段

5.3.3.2 中间阶段和斯特勒克降解

中间阶段是颜色、风味物质产生的阶段，多个反应同时发生。Amadori 重排产物在经过一系列不可逆的反应后，进一步脱水和脱氨反应生成二羰基化合物。脱氨（失去氨基）和进一步异构化会产生几种非反应性高的二羰基化合物。只有在这个阶段，气味才开始产生，部分原因是由于 HMF 的出现。二羰基化合物与 α-氨基酸发生降解反应，即 Strecker 降解反应（斯特勒克降解反应），生成氨基-羰基化合物和斯特勒克醛（Strecker 醛）（图 5-8）。Strecker 醛具有独特香味，对许多食品风味具有显著影响（详见表 5-2）。

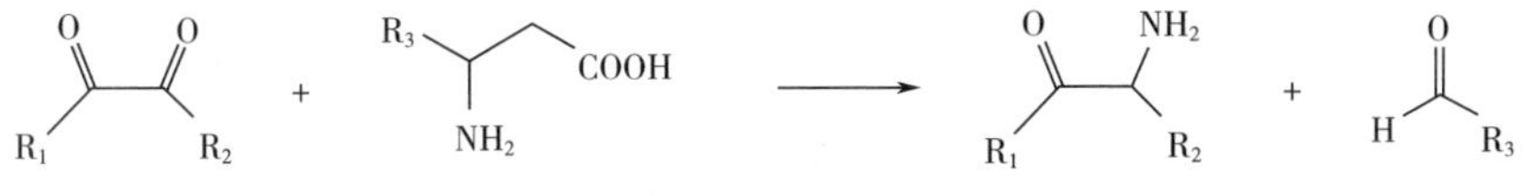

图 5-8　Strecker 降解反应（二羰基化合物与 α-氨基酸反应生成 Strecker 醛）

表 5-2　二羰基化合物与相应氨基酸生成的 Strecker 醛及其气味特征

氨基酸	Strecker 醛	在 100℃时气味	在 180℃时气味
半胱氨酸	乙醛、丙醛	硫化物味，熟肉味	硫化物味，带 H_2S 的气味
丙氨酸	乙醛	焦糖味，果味	焦糖味
苏氨酸	羟基丙醛	巧克力味	烧焦味
缬氨酸	2-甲基丙醛	稻草味、黑麦面包味	巧克力味
亮氨酸	3-甲基丁醛	面包味、麦芽味	奶油芝士味
异亮氨酸	2-甲基丁醛	果味，酯味	奶油芝士味
谷氨酰胺	吡咯烷酮	巧克力味	硬焦糖味

　　Strecker 降解反应可能会生成丙烯酰胺。丙烯酰胺是一种潜在的致癌物质，长期服用会危害人体健康。丙烯酰胺的形成需要在第一反应中使用天冬氨酸胺，并在随后的 Strecker 降解反应中进一步产生。油炸、烘烤和烤制等高温烹饪方式容易产生丙烯酰胺，水煮或蒸不会产生丙烯酰胺。最典型的含有丙烯酰胺的食品包括薯片、薯条、咖啡及其类似制品、谷类制品、面包及其烘焙食品、干制食品、巧克力、饼干等。丙烯酰胺不能完全避免，但是可以通过严格的生产质量管理规范抑制丙烯酰胺的生成。环化反应可能发生在美拉德反应的中间阶段，其生成的物质是风味形成的主要来源。杂环化合物是指环内有杂原子（非碳原子）的环状化合物（图 5-9）。一般杂原子为氮原子（N）、氧原子（O）、硫原子（S），虽然它们的含量很低（检出阈值很低），但是它们对食品香味影响较大。由于杂环化合物的存在，使食品具有巧克力味、焦糖味和坚果味。

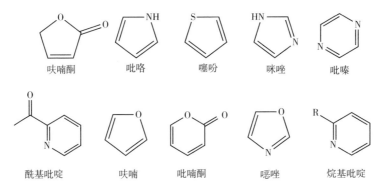

呋喃酮　　　　吡咯　　　　噻吩　　　　咪唑　　　　吡嗪

酰基吡啶　　　呋喃　　　吡喃酮　　　噁唑　　　烷基吡啶

图 5-9　美拉德反应生成的杂环化合物

丙烯酰胺

食品中的丙烯酰胺首次发现是在 21 世纪。但是实际上，丙烯酰胺可能与数千年前出现的第一块面包一样有着悠久的历史！摄入高剂量的丙烯酰胺（远远高于食物中的含量）很有可能致癌，对人类具有潜在的神经毒性。天然的食物成分里并不存在丙烯酰胺，而富含大量还原糖和天冬氨酸的食物经高温加工（特别是油炸、烘烤和烘制）会产生美拉德反应。这个过程也会产生丙烯酰胺。油炸薯类食品、咖啡食品和烘烤谷类食品中的丙烯酰胺含量较高，肉类食品中的丙烯酰胺含量较低。

天冬氨酸　　　　　　二羰基化合物　　　　　　　　　　席夫碱

$+H_2O$
$-CO_2$

$+H_2O$　$-$

丙烯酰胺　　　　　　　　　　　　3-氨基丙酰胺 (3-APA)

$-NH_3$

118

丙烯酰胺的形成是一个非常复杂的过程，它的形成机制有可能是多种途径并存。这些途径的共同点是生成了 3-氨基丙酰胺（3-APA）。天冬酰胺与二羰基化合物反应生成希夫碱，希夫碱发生脱羧反应生成 3-APA，之后加热脱氨生成丙烯酰胺。

5.3.3.3　最终阶段与类黑素形成

最终阶段是初级反应阶段和中间反应阶段生成的活性中间体继续与体系中的氨基酸或还原糖发生复杂的缩合、聚合、环合、脱氢、重排、异构化等反应，生成褐色素。虽然聚合形成的褐色素能溶于水，但是，随着分子数量的不断增加，它们的溶解度开始降低并从水中析出，最终生成棕色甚至是黑色的大分子物质类黑素。图 5-10 简要说明了美拉德反应的三个阶段。

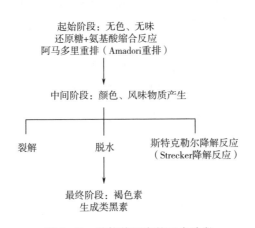

图 5-10　美拉德反应的三个阶段

需要注意的是，如果模型反应是在实验条件非常理想的情况下完成（例如，葡萄糖与丙氨酸在试管中的反应），那么发生反应的途径和过程显而易见。但是，经过热处理工艺后的食品中含有的化合物种类繁多，且结构复杂，它们会同时参与美拉德反应。因此，若要详细地区分、理解，甚至控制美拉德反应中的每一个步骤，这几乎不太可能。也就是说，如果美拉德反应对食品的风味和色泽会产生很大的影响（如薯片或咖啡），这类食品会非常容易受到其原材料质量（如咖啡豆的基因组成）和加工条件（如时间和温度）的影响。例如，马铃薯中还原糖的含量会随着季节、品种或储存时间的变化而变化。所以，即使已经充分了解了发生反应的途径和过程，但是也很难精准把控其中的每一个环节。相反，如果能够充分理解原材料的生物学性能、加工条件的机理和质量控制的规范要求，可以更好地确保这些食品的品质特性，保证其良好的口感和风味。

5.3.3.4　美拉德反应的控制措施

对于工业化生产而言，从分子层面上去控制美拉德反应是无效的，但是可以通过控制其他因素从而控制美拉德反应。与其他化学反应一样，温度升高通常会加速美拉德反应。pH 值不像温度那么简单，不同的反应，对 pH 值的要求也不一样。在酸性条件下，氨基处于质子化状态，不能再与还原糖发生反应，不利于美拉德反应继续进行。当 A_w 值处于 0.6 ~ 0.7 之间，且含水量约为 30% 时，美拉德反应速率较快。这些适用于绝大多数化学反应，即反应物浓度越高，反应速度越快。此外，在美拉德反应的起始阶段，会发生缩合反应，所以，降低水分含量有利于反应的进行。如果水分含量低于 30%，底物流动性较低，无法扩散进入酶的活性部位，美拉德反应速率会降低。如果水分含量继续减少，底物与酶无法相遇，反应基本不会发生。由于氧不参与美拉德反应，它不影响其反应速率。不同类型加速剂或抑制剂会影响美拉德反应的速率。例如，磷酸盐或羧酸及其相应的盐类会加速美拉德反应，导致褐变颜色更深。锡（Sn）离子在一定程度上会抑制美拉德反应，因为它具有强还原性。所以，对食品进行巴氏杀菌或消毒时需要使用锡罐进行加热。二氧化硫（SO_2）可用作防腐剂，用于不同种类的食物和饮料中。因为亚硫酸对氧化酶有强抑制作用，并与糖发生反应，反应物形成的物质能阻断含羰基化合物与氨基酸发生缩合反应。此外，二氧化硫还可能与美拉德反应的产物（如 HMF）发生反应，从而抑制食品发生褐变。

5.4　课后练习

5.4.1　选择题

1. 多酚氧化酶可用于催化：
（a）水果和蔬菜的酶促褐变
（b）水果和蔬菜的非酶促褐变
（c）含有抗坏血酸的水果和蔬菜的酶促褐变
（d）不含抗坏血酸的水果和蔬菜的酶促褐变

2. 多酚氧化酶的作用底物为：
（a）抗坏血酸和脱氢抗坏血酸
（b）酚类物质
（c）还原糖
（d）还原糖和氨基酸

3. 抑制多酚氧化酶催化作用的方法包括：

（a）烫漂、除 N_2、脱铜

（b）烫漂、除 O_2、脱锌

（c）烫漂、除 O_2、脱铜

（d）烫漂、增 O_2、脱锌

4. 焦糖化反应需要：

（a）非还原糖与氨基酸参与反应

（b）酸或碱性条件，高温条件，且 3.0<pH<9.0

（c）低温条件、游离氨基酸与还原糖参与

（d）高温条件、低 pH 值（<3.0）、必需氨基酸参与

5. 焦糖化反应的主要产品包括：

（a）葡萄糖及高聚果糖衍生物

（b）呋喃糖及吡喃糖衍生物

（c）还原糖及非还原糖衍生物

（d）糠醛及麦芽醇衍生物

6. 美拉德反应是：

（a）高温下还原糖、氨基酸、肽或蛋白质之间的反应

（b）高温下非还原糖、氨基酸、肽或蛋白质之间的反应

（c）低温下还原糖、氨基酸、肽或蛋白质之间的反应

（d）低温下非还原糖、氨基酸、肽或蛋白质之间的反应

7. Amadori 重排是：

（a）在美拉德反应中，N-葡萄糖基胺异构为 1-氨基-1-脱氧酮糖

（b）在抗坏血酸褐变反应中，N-葡萄糖基胺异构为 1-氨基-1-脱氧酮糖

（c）在酶促褐变反应中，N-葡萄糖基胺异构为 1-氨基-1-脱氧酮糖

（d）在 Strecker 降解反应中，N-葡萄糖基胺异构为 1-氨基-1-脱氧酮糖

8. Strecker 降解反应是：

（a）二羰基化合物与抗坏血酸之间的反应

（b）二羰基化合物与非还原糖之间的反应

（c）二羰基化合物与氨基酸之间的反应

（d）二羰基化合物与还原糖之间的反应

9. Strecker 醛非常重要，因为：

（a）在美拉德反应中，产生独特香味

（b）在美拉德反应中，产生异味

（c）在美拉德反应中，产生有毒物质

（d）在美拉德反应中，产生褐色素

10. 在美拉德反应中生成丙烯酰胺，需要：

（a）天冬酰胺和非还原糖参与

（b）天冬酰胺和还原糖参与

（c）精氨酸和还原糖参与

（d）精氨酸和非还原糖参与

5.4.2 简答题–深入阅读

1. 画出多酚氧化酶（PPO）催化的两类不同反应：一元酚氧化反应和二元酚氧化反应。

2. 画出三个苯甲酸和三个苯丙烯酸衍生物的结构。

3. 列出并讨论影响酶促褐变的因素。

4. 列出不同级别的焦糖色素及其基本特征（包括颜色）。

5. A 公司生产一批含有"茶鞣质"茶饮料，且茶饮料批次之间的颜色不一致。推荐使用哪种焦糖，为什么？

6. 列出并讨论影响美拉德反应的因素。黑色素和类黑素有什么区别？

7. 马铃薯中还原糖的最佳含量为 0.5g/100g。一家生产薯片的公司在质量控制过程中，发现其马铃薯的还原糖含量高达 1.5g/100g。还原糖过高对薯片的颜色、口感和丙烯酰胺的浓度会产生什么影响？

8. 在线阅读：网上搜索"更年性水果"和"非更年性水果"。它们的区别是什么？哪种水果更容易发生酶促褐变？

9. 延伸阅读：阅读文章 *Control of Maillard Reactions in Foods: Strategies and Chemical Mechanisms*（《食品美拉德反应：控制策略和化学机制》）（2017）；作者：Lund, M. N., Ray, C. A.；期刊：*Journal of Agricultural and Food Chemistry*（《农业与食品化学杂志》）65（23），4537–4552 页。

* 讨论美拉德反应对食品质量的影响。
* 讨论美拉德反应产物对人体健康的影响。
* 讨论美拉德反应的控制措施。

10. 延伸阅读：阅读文章 *Physicochemical properties and function of plant polyphenol oxidase: a review.*（《植物多酚氧化酶的理化性质与功能研究进展》）（2003）；作者：Yoruk, R., Marshall, M. R.；期刊：*Journal of Food Biochemistry*（《食品生物化学期刊》）27（5），361–422 页。

* 讨论 PPO 在食品行业的重要性。
* 苹果、牛油果和菠萝中 PPO 催化反应的最佳 pH 值是多少？苹果、马铃薯

和草莓中 PPO 催化反应的最佳温度是多少？同样是 PPO 催化反应，为什么存在不同的最佳值？

- 列出六组 PPO 的活性抑制剂。

5.4.3　填空题

1. 漆酶是一种含铜离子的＿＿＿＿＿＿。
2. 对于甲壳类动物（如虾），PPO 主要存在于＿＿＿＿＿＿中。
3. ＿＿＿＿＿＿和＿＿＿＿＿＿等还原剂能够抑制酶促褐变反应。
4. 焦糖化反应是指糖类在＿＿＿＿＿＿的条件下发生降解，而生成一些有独特风味的挥发性物质。
5. 焦糖化反应生成了＿＿＿＿＿＿和＿＿＿＿＿＿衍生物，这类物质具有焦糖风味的物质。
6. 焦糖色素按是否存在＿＿＿＿＿＿或＿＿＿＿＿＿进行划分。
7. Amadori 重排产物又被称为＿＿＿＿＿＿。
8. 二羰基化合物与＿＿＿＿＿＿发生的反应称为＿＿＿＿＿＿降解反应。
9. 在美拉德反应中，生成的棕色甚至是黑色的大分子物质称为＿＿＿＿＿＿。而在酶促褐变反应中，生成的颜色物质是＿＿＿＿＿＿。
10. 丙烯酰胺由＿＿＿＿＿＿通过 Strecker 降解机制加热脱酸脱氨降解之后形成。

第6章 维生素和矿物质

学习目标

- 了解食品中维生素的结构
- 食品维生素在加工和储存过程中的稳定性
- 了解食品中含有的矿物质
- 讨论食品加工和储存对矿物质生物利用率的影响

6.1 概述

维生素和矿物质都是人体所需要的营养元素。它们在形成和稳定食品结构方面仅起辅助作用，但是对食品的感官特性有着很大的影响。例如，类胡萝卜素可以表现出不同颜色，具有维生素 A 原活性、钠盐的咸味，含有人体所需的钠离子。然而，在食品加工和储存过程中，维生素会发生降解，矿物质会发生流失（如 Fe^{2+}）。食品维生素和矿物质的流失是一个非常复杂的过程，对其中的很多环节我们知之甚少。无论选用哪种烹饪方式，都会在一定程度上导致这些营养物质的流失。因此，只有不断优化可能引起其降解的加工过程，才能最大限度地保留食品中维生素和矿物质。造成维生素和矿物质流失的原因有很多，首先需要了解原料中维生素和矿物质的含量存在的固有差异。例如，植物的遗传特征、成熟时间、生长地点、土壤、气候、农业操作规范或动物的饮食习惯都有可能影响食物维生素和矿物质的含量。原料收获后，留存的酶（如脂氧合酶或抗坏血酸氧化酶）会降低维生素的含量。此外，在储存过程中，原料仍然持续进行新陈代谢（如呼吸），这会消耗其体内储存的营养物质。修剪、浸提、研磨等食物制作准备过程中，也会导致维生素和矿物质的流失。烫漂也会导致大量维生素和矿物质流失，因为烫漂是在水中进行的，会产生热氧化作用。罐头食品在生产过程中由于要高温蒸煮杀菌，也会损失大量营养成分。食品储存过程中也可能会导致维生素流失，不过，这很大程度上与原料本身有关，很难一概而论。通常情况下，储存时间越长，营养成分损失越大。最后，添加剂的使用、食品成分（如亚硫酸盐、亚硝酸盐）和周围环境（氧化环境），都会影响维生素的流失。本章节概述了维生素和矿物质的基本化学特征，以及它们在不同加工条件下表现出的性能。

6.2　脂溶性维生素

维生素 A 既包括预先形成的维生素 A，即视黄醇、视黄醛、视黄酸，它们主要存在于动物性食物中；也包括维生素 A 原，即类胡萝卜素（β-胡萝卜素及其他），它在人类视网膜中起着至关重要的作用（图 6-1）。维生素 A 在维持视力、保持皮肤健康、机体免疫等方面发挥着关键作用。

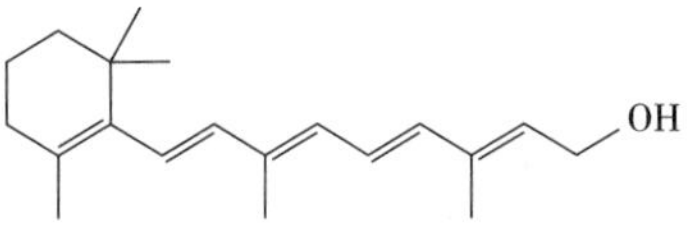

视黄醇

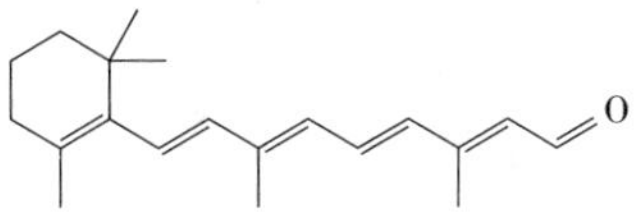

视黄醛

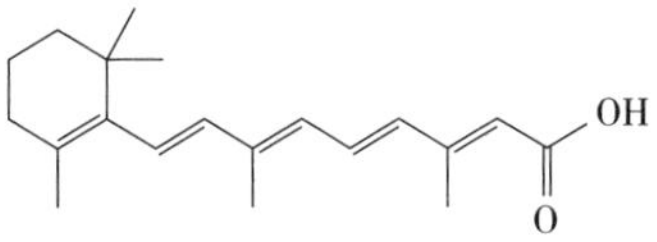

视黄酸

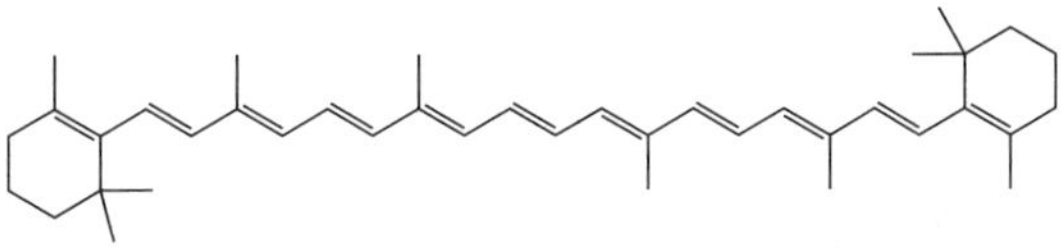

β-胡萝卜素

图 6-1　具有维生素 A 生物活性的物质

β-胡萝卜素的维生素活性只有视黄醇的六分之一。食物中的维生素 A 的含量以视黄醇活性当量（RAE）来衡量，单位用 µg 表示。在过去，RAE 采用国际单位 IU，而且现在也仍在使用。IU 是医学效价单位，常在药品中使用，如维生素、激素、抗生素、抗毒素类生物制品等。由于某些维生素可能具有相同的活性，但是结构不同（例如，视黄醇和 β-胡萝卜素），IU 可用于单位换算比较这些具有相同生物效应的不同物质。例如，1 IU 的视黄醇相当于 0.3 µg RAE；膳食补充剂中 1 IU 的 β-胡萝卜素相当于 0.15 µg RAE，而食品中 1 IU 的 β-胡萝卜素相当于 0.05 µg RAE。维生素 A 或维生素 A 原主要存在于红薯、肝脏、菠菜、胡萝卜中。维生素 A 的降解类似于不饱和脂肪酸的氧化降解。维生素 A 对热、光和酸较为敏感，易被氧化，高温热加工的损失率高达 40%。在脱水食品中，维生素 A 的降解可能会加速，因为脱水食品的水分活度较低，脂氧合酶的作用和脂类氧化会导致维生素 A 的损失。

维生素 D 最重要的两种形式是维生素 D_2（麦角钙化醇）和维生素 D_3（胆钙化醇）（图 6-2）。维生素 D 能够促进肠道对钙的吸收，并参与许多其他代谢反应。维

生素 D_2 是由紫外线照射植物和真菌中的麦角固醇产生。在阳光充足的情况下，人体或动物体自身可以合成维生素 D_3。但是，其实从食物中获取比通过生物体合成（阳光照射下）的维生素 D 含量少得多。含维生素 D 较多的食品主要包括动物肝脏、牛肉、蛋黄、乳制品、各种海洋鱼类（如三文鱼、金枪鱼和沙丁鱼）、各种强化食品（如牛奶、酸奶或人造黄油）等。维生素 D 十分稳定，一般的加工操作和储藏条件不会引起损失，但是它对光照和氧气较为敏感。因此，含维生素 D 的食品均应避光、避氧保存。和维生素 A 一样，维生素 D 也可以用国际单位测定。1 IU 维生素 D 等于 0.025μg 胆钙化醇，1μg 胆钙化醇等于 40 IU 维生素 D。

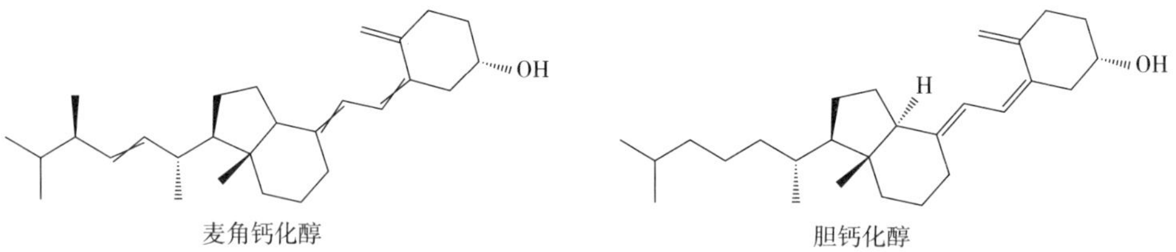

麦角钙化醇　　　　　　　　　胆钙化醇

图 6-2　具有维生素 D 生物活性的物质

维生素 E 属于脂溶性维生素，包含四种生育酚（$\alpha-$，$\beta-$，$\gamma-$ 和 $\delta-$生育酚）和四种生育三烯酚（$\alpha-$，$\beta-$，$\gamma-$ 和 $\delta-$生育三烯酚）。维生素 E 作为一种抗氧化剂，能够保护细胞膜免受氧化损伤。生育酚和生育三烯酚的主要区别表现在生育酚的侧链为饱和脂肪酸，而生育三烯酚的侧链是含三个双键的不饱和脂肪酸（图 6-3）。维生素 E 主要存在于植物油、富含植物油的加工食品（如沙拉酱）、强化谷物、燕麦片、小麦胚芽、石刁柏、番茄和绿叶蔬菜中。维生素 E（特别是在油炸或脱水食

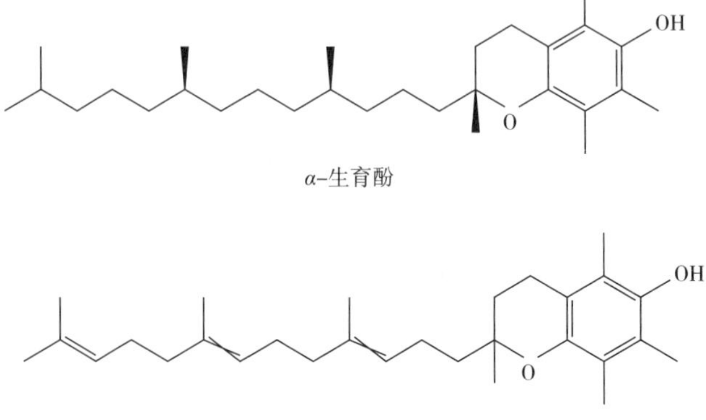

$\alpha-$生育酚

$\alpha-$生育三烯酚

图 6-3　具有维生素 E 生物活性的物质

品中）对光、氧和热较为敏感。如果食品加工和储存不当，可能导致生育酚大量流失。厌氧处理（如罐装）对维生素 E 的保持收效甚微。维生素 E 通常作为一种天然抗氧化剂，用于猝灭单线态氧。1 IU 维生素 E 相当于 0.67mg 的 α-生育酚。

　　维生素 K 是具有或不具有异戊二烯类侧链的萘醌类化合物，是维持血液正常凝固所需的物质（图 6-4）。维生素 K 主要存在于绿色植物、植物油、鱼油和肉制品中。在人体中，维生素 K 通过肠道细菌合成，肠道细菌必须在回肠内合成才能为人体所利用（约占 10%）。深绿色叶菜（如菠菜和卷心菜）、花椰菜、豌豆和谷物中的维生素 K 含量较高。维生素 K 对热和氧较为稳定，但对光较为敏感。

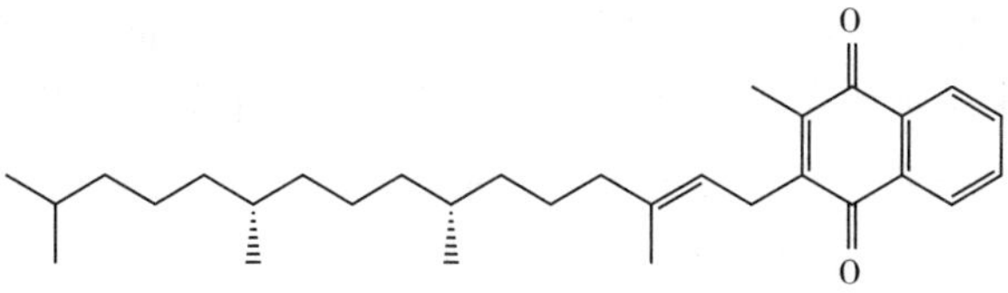

图中结构式：

叶绿醌 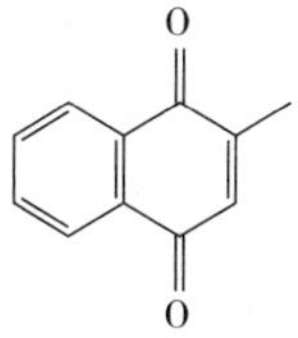　　　　　　　　　　　　　　　　　　甲萘醌

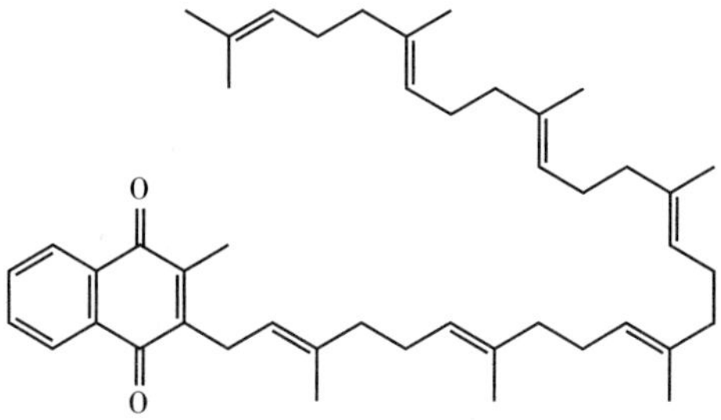

甲萘醌-7

图 6-4　具有维生素 K 生物活性的物质

6.3　水溶性维生素

　　维生素 C（抗坏血酸）往往存在于新鲜的蔬菜和水果（尤其是柑橘类）中，在动物组织和动物加工产品中含量较少（图 6-5）。它对氧、光和热极为敏感，在加工过程中容易流失。食品中维生素 C 容易被氧化成脱氢-L-抗坏血酸，但仍会保持维生素 C 活性（详见 5.3.2 章节）。在所有维生素中，维生素 C 是最不稳定的。在加工、贮藏和冷冻时（如冷冻水果和蔬菜）容易被破坏。在果汁中，可以直接添加维生素 C 以增加其含量。植物组织中存在的氧化酶（如抗坏血酸氧化酶、过氧化物

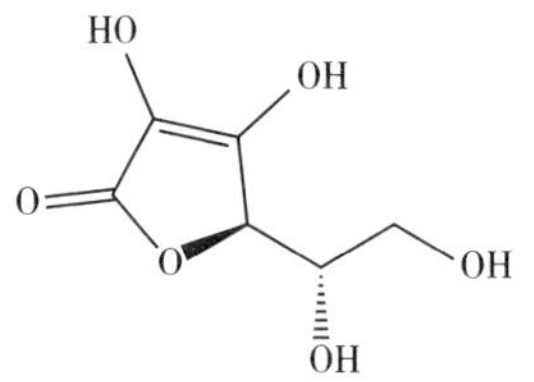

图 6-5 抗坏血酸的结构

酶等）会破坏维生素 C，因此通常利用烫漂等方式使这些氧化酶失去活性。维生素 C 可以用作面粉处理剂、抗氧化剂，果蔬的酶促褐变的抑制剂，肉类腌制品中的护色助剂等。

维生素 B_1（硫胺素）能参与糖类的分解代谢，主要存在于全谷物、豆类、肉类、早餐谷物中（结构见图 6-6）。许多国家在面粉和谷物中都会添加维生素 B_1，因为谷物中的维生素 B_1 在加工过程中会大量流失。维生素 B_1 对光较为稳定，但是在中性或碱性的 pH 值、氧、热条件下，它是所有维生素中最不稳定的一种，了解这些特性非常重要，因为即使是简单的食品加工操作，例如在水中加热，维生素 B_1 也可能由于发生分解或浸出而大量流失。在 A_w 较低的食品（如早餐麦片、面包）中，维生素 B_1 稳定性较高。鞣质能与维生素 B_1 形成加成物而使其失活，肉类加工食品中含有的亚硝酸盐也会使维生素 B_1 失活。食品加工和烹饪都会导致维生素 B_1 流失，损失率从罐装果蔬的 10% 到家庭烹饪肉类的 60% 不等。但是无论选用哪种加工方式，维生素 B_1 的损失率至少为 20%。

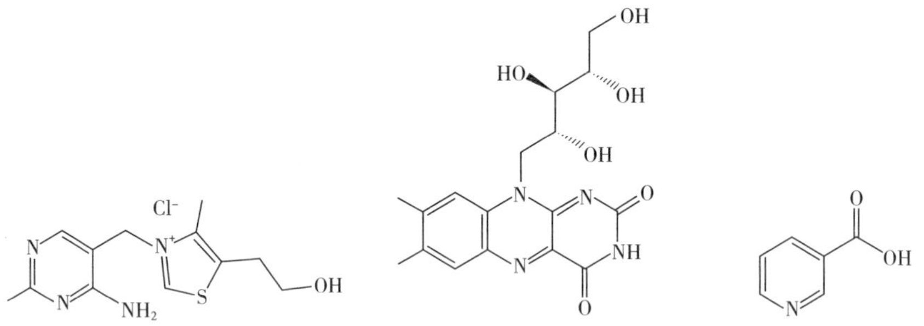

维生素B_1（硫胺素）　　　　　维生素B_2（核黄素）　　　　　维生素B_3（烟酸）

图 6-6　维生素 B_1、维生素 B_2、维生素 B_3 的结构

维生素 B_2（核黄素）能够参与体内生物氧化与能量生成（结构见图 6-6），主要存在于鸡蛋、绿色蔬菜、牛奶和其他乳制品、肉类、蘑菇和杏仁中。一些国家要求在面粉中添加维生素 B_2。维生素 B_2 在酸性环境下较为稳定，但在中性和碱性环境下易被分解，化学结构的微小变化会导致其维生素活性的丧失。维生素 B_2 对氧气、热处理或在常规存储条件均较为稳定，但对光较为敏感。

维生素 B_3（烟酸）包括烟酸及其衍生物，能够参与体内的多种代谢活动（结构见图 6-6）。维生素 B_3 可以从各种天然食品和加工食品中获取。其中，以强化食品、肝脏、金枪鱼、三文鱼和绿叶蔬菜中含量最高。和维生素 B_2 一样，一些国家要求在面粉中添加维生素 B_3。维生素 B_3 是一种最稳定的维生素，对光不敏感，在食品加工中也无热损失。在烫漂（沥滤）或冻肉解冻（流失液）的过程中，流失约 15%。

维生素 B_5（泛酸）以游离或结合形式存在于所有动物和植物细胞中。85% 维生素 B_5 在体内转变成辅酶 A（CoA）（图 6-7）参与脂肪酸代谢反应和其他重要的代谢活动。维生素 B_5 广泛存在于肉类、全谷类食品、马铃薯、蛋黄、西蓝花、蘑菇、牛油果中。在食品加工和储藏过程中，尤其在低 A_w 条件下，维生素 B_5 具有相当好的稳定性，但它对热和沥滤较为敏感。

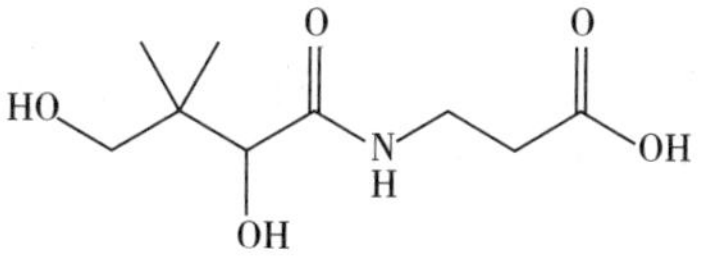

维生素B_5（泛酸）

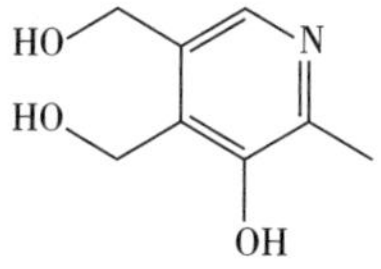

吡哆醇（维生素B_6） 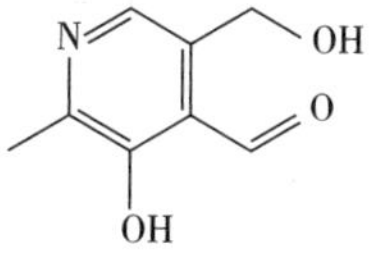　　　吡哆醛（维生素B_6） 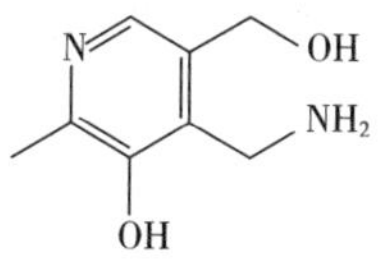　　　吡哆胺（维生素B_6）

图 6-7　维生素 B_5 和维生素 B_6 的结构

维生素 B_6 是易于相互转换的三种吡啶衍生物（吡哆醇、吡哆醛、吡哆胺）的总称（图 6-7），其活性形式为 5′-磷酸吡哆醛，参与氨基酸脱氨与转氨作用。富含维生素 B_6 的食品包括强化早餐麦片、猪肉、火鸡肉、牛肉、香蕉、鹰嘴豆和马铃薯。吡哆醇耐高温、耐酸，但对光较为敏感。吡哆胺易被空气氧化，对高温或光非常敏感，在加工过程中最容易被破坏。吡哆醛相对稳定，可用作食品营养强化剂。罐装果蔬中维生素 B_6 的损失率约为 25%。小麦碾磨过程中，由于麸皮的分离，会导致 90% 的维生素 B_6 流失。

维生素在食品加工中的重要性

许多消费者担心加工的食品容易导致维生素缺乏，无法从食物中获取足够的维生素。其实，这是个普遍的误解。现代的食品加工工艺不仅最大限度地减少了维生素的损失，还增加了某些食品维生素的含量。例如，在某些早餐麦片中添加维生素 B 复合物、在营养牛奶中添加维生素 D。不仅如此，某些新兴技术（如食品胶囊技术）最大程度地减少了维生素在加工和储存过程中发生的氧化降解反应，还提高了其在人体胃肠道中的吸收率。由于温度控制不当或选择错误的烹饪方法，家庭烹饪通常比工业食品制备更容易导致维生素流失。

除了维生素的营养价值，食品科学家通常很少关注维生素其他方面的价值。因为它们不是构成食物结构的元素，也不会影响感官体验，不会像矿物质那样，既是组织结构的重要原料（如发生钙离子交联），又能提升食品的味道（如 NaCl）。此外，维生素基本不参与影响食品质量的反应，所以单从技术层面而言，其重要性可以忽略不计。当然，也有例外。例如，维生素 C 用作加工助剂（改善面粉面筋的交联程度、稳定肉制品的色泽）或抑制果蔬的酶促褐变反应、β-胡萝卜素作为色素使用、生育酚可作为保护细胞免受氧化应激损伤的抗氧化剂使用。可以毫不夸张地说，就技术层面而言，维生素是本书介绍的物质中最不重要的。

维生素 B_{12}（钴胺素）分子中含有金属钴，是结构最复杂的维生素（结构见图 6-8）。它对红细胞形成和神经系统的功能都具有重要的作用。维生素 B_{12} 中含咕

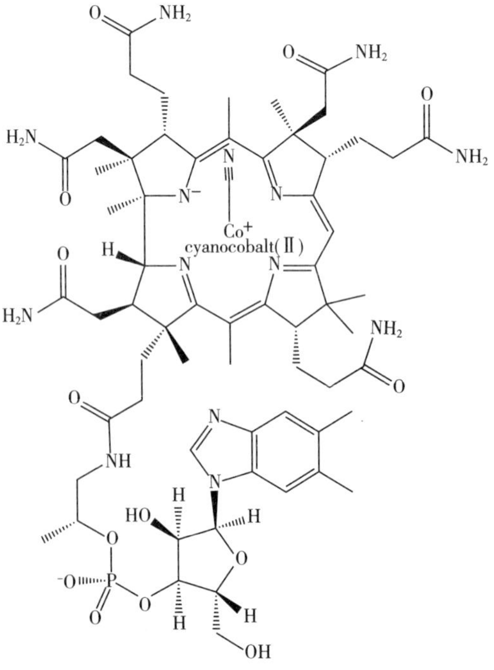

图 6-8　钴胺素（维生素 B_{12}）的结构

啉环，金属离子钴位于咕啉环中。其反应中心可以与不同的基团结合，产生维生素 B_{12} 的四种形式：氰钴胺、羟钴胺、腺苷钴胺（主要储存在肝脏中）和甲钴胺（主要存在于血液循环中）。维生素 B_{12} 主要存在于肉、鱼、牛奶、奶酪、鸡蛋、酵母提取物和强化早餐谷物中。维生素 B_{12} 稳定性较强，在大多数食品加工条件下，其损失可以忽略不计。

叶酸由蝶啶、对氨基苯甲酸（PABA）和 L-谷氨酸组成（结构见图 6-9）。叶酸在细胞分裂和生长以及氨基酸的代谢中起着重要作用。虽然人体可以合成组成叶酸的所有成分，但是缺少将蝶呤和对氨基苯甲酸相连（形成蝶酸）所需的酶类物质。叶酸广泛存在于蔬菜、豆类和强化谷物食品中。合成叶酸是化学合成的叶酸，是补充剂和强化食品中最常用的类型。叶酸的形式不同，其稳定性也不同。天然叶酸极不稳定，对氧、氧化剂、热和光较为敏感。合成叶酸在酸性环境和高温环境中十分稳定。

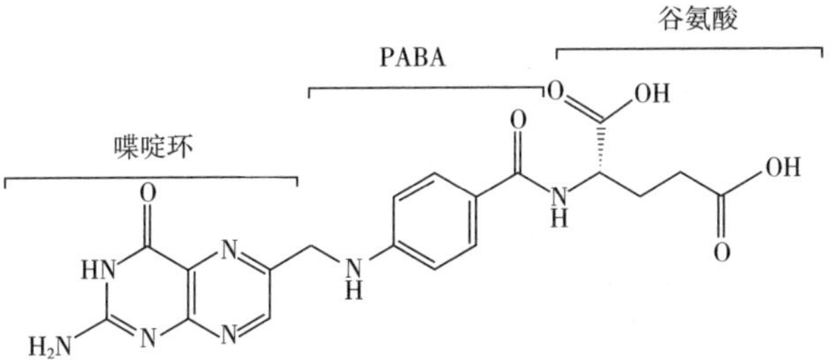

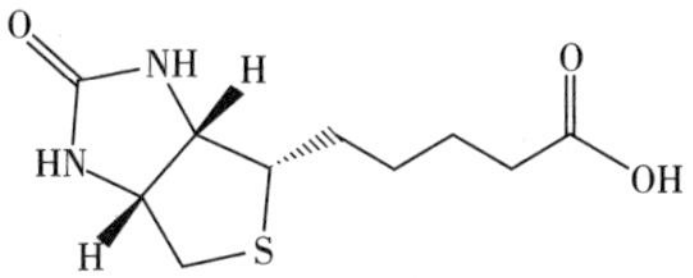

图 6-9　叶酸和维生素 H 的结构

维生素 H（生物素）能够参与糖类、蛋白质、脂肪等营养素代谢，它可以由人体肠道中的微生物少量合成（结构见图 6-9）。维生素 H 主要存在于肝脏、蛋黄、谷类、豆类、坚果中。维生素 H 常与赖氨酸（称为生物胞素）或蛋白质结合，需水解后才能被肠道吸收。亲和素是蛋清中常见的糖类蛋白，与维生素 H 具有非常强烈的亲和力。在烹饪过程中，蛋清发生变性，从而提高了维生素 H 的可用性。食品中的维生素 H 较为稳定，对热、光和氧都不太敏感。

维生素经常被添加到食物中来弥补加工过程中的损失或增强其特定维生素含量。恢复指的是向食物中添加维生素以恢复其原始浓度（如在橙汁中添加维生素C）。强化是向食物中添加营养物质，使其成为维生素的极好来源食品（如早餐谷物）。富集是在加工过程中添加特定的维生素量以弥补加工中的损失（如面粉富集烟酸、硫胺素、核黄素和叶酸）。最后，营养增加是一个泛指的术语，包括向食物中添加营养物质（如在牛奶中添加维生素D）。

如何才能尽可能地保留食物中的维生素呢？首先也是最重要的是优化热处理方法。几乎所有维生素的失活都发生在热处理过程中，因此应该尽可能选用较低强度的热处理操作（如高温短时杀菌，HTST）。果蔬烫漂应在较低的温度下进行，同时缩短果蔬接触热水的时间，并选择最小用水量，以减少维生素因浸出所造成的损失。另外，也可以根据维生素的降解率对其损失率进行预测分析，不断优化现有的加工工艺和设备条件。最后，选择正确形状的食品罐头，选用气密性好、透湿度低、透氧率低的包装材料，也可降低维生素的损失。表6-1列出了在不同的加工和储存条件下各类维生素的稳定性。需要强调的是，表6-1仅作参考，因为还需考虑实际的食品配方和现场储存条件。例如，在富含抗氧化物的食品中、相同的加工条件下，即使是相同的维生素也可能会呈现出不同的抗氧化性。

表6-1 在不同的加工和储存条件下，各类维生素的稳定性

维生素	中性 pH	酸性 pH	空气或氧	光	热
A	S	U	U	U	U
D	S	S	U	U	U
E	S	S	U	U	U
K	S	U	S	U	S
B_1	U	S	U	S	U
B_2	S	S	S	U	U
B_3	S	S	S	S	S
B_5	S	U	S	S	U
B_6	S	S	S	U	U
B_{12}	S	S	U	U	S
叶酸	U	U	U	U	U
C	U	S	U	U	U
生物素（维生素 H）	U	U	S	S	S

注 U表示不稳定；S表示稳定。最终的稳定性还需考虑实际的食品配方、加工条件及其维生素的具体类型。

6.4　矿物质

矿物质是自然存在的化合物或天然元素，又称无机盐。它是构成人体组织和维持正常生理功能必需的各种元素的总称，是人体必需的营养素之一。矿物质在体内不能合成，必须从食物和水中获取。矿物质只需要非常少量就能维持机体健康。食品经高温灼烧（燃烧）后残留下来无机成分称为灰分，灰分中含有大量的矿物元素。矿物元素分为常量元素（Ca、P、Na、K、Mg、Cl、S）和微量元素（Cu、I、Co、Fe、Mn、Se、Zn、Mo、F 等）。钠、钾、氟和氯以游离离子的形式存在于食物中，具有较高的生物利用率，一般不会出现缺乏。膳食中容易缺乏的矿物质是铁、锌、钙和碘。镁、磷和硒主要以复合物的形式存在于食品中。铜和锰的生物利用率较低。食品中也存在无生物功能而对生物有毒性的矿物元素。这些矿物元素称为有毒金属，对生物体危害较为严重，如铅、汞、砷、镉、铬。例如，海鲜（如蚌类）中铅和汞的含量较高，大米中砷的含量较高。

矿物质的生物利用率和活性在很大程度上与它们的水溶性有关。如果矿物质无法溶于水，那么它们就无法被有效吸收。某些铁矿物质的生物利用率仅为 1%，而钠和钾的生物利用率可高达 90%。矿物质可以与某些化合物（配体）结合形成螯合物。食品中的配体包括蛋白质、糖类、磷脂和有机酸。配体与矿物质形成的螯合物（图 6-10）一般具有较高的稳定性，能够吸附水中重金属离子。

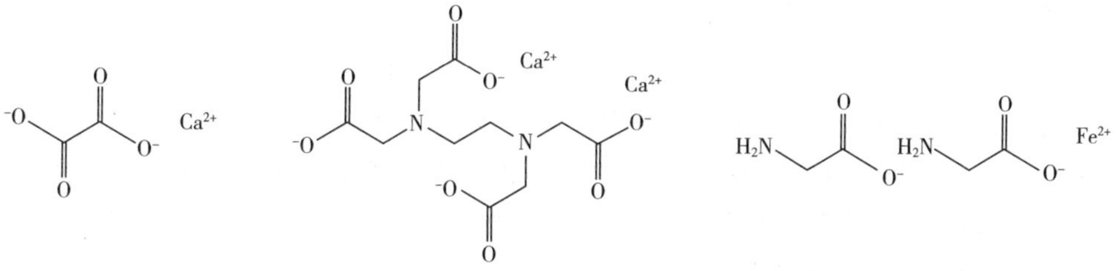

草酸钙　　　　　　　　乙二胺四乙酸钙　　　　　　　　甘氨酸亚铁

图 6-10　食品中常见的螯合物

有机酸（如维生素 C、柠檬酸和乳酸）能与矿物质形成复合物，有助于提高其生物利用率。植酸是一种有机酸，它是麸皮和种子中磷的主要储存形式，主要存在于各种豆类、可食用的种子和谷物中。植酸和植酸盐对钙、铁、锌等膳食矿物质具有很强的结合亲和力，会抑制这些矿物质的吸收，导致矿物质缺乏（如素食主义饮食或发展中国家出现的矿物质缺乏情况）（图 6-11）。植酸一般以植酸盐的形式存在于种子胚层和谷皮中，包括坚果、谷物和豆类。

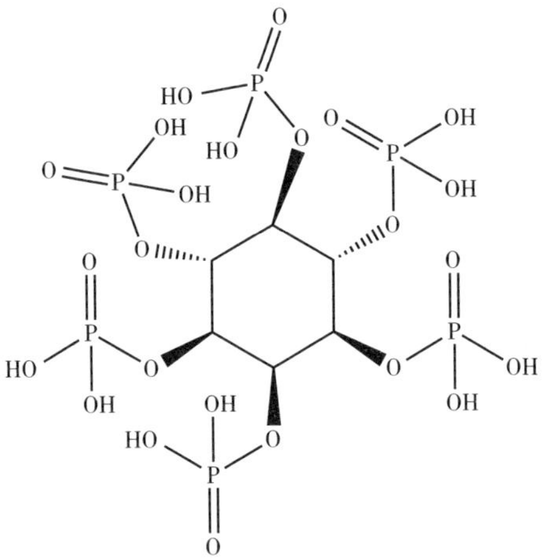

图 6-11　植酸的结构

　　植物化学物质，例如多酚和鞣质，也会影响矿物质的结合。它们会与矿物质在胃肠道中形成难以吸收的沉淀物。例如，茶、咖啡、葡萄干、高粱中的多酚类化合物会影响矿物质的吸收。如果饭后立即喝茶或咖啡，会抑制包括铁、锌、钙在内的多种矿物质的吸收。长期这样做，可能会导致矿物质缺乏。

矿物质和维生素的测定分析

　　将试样放入马弗炉中高温焚烧（525℃），然后测量灰分含量。所有的有机物质在高温下完全燃烧，剩余的残渣中含有矿物质。之后，采用原子吸收光谱法（AAS）或电感耦合等离子体质谱法（ICP-MS）对灰分中的矿物质进行定性定量分析。食品中维生素的分析较为复杂，通常需要分多个步骤进行，且需要根据维生素类型和食品品类选择合适的色谱分析法。

6.4.1　食品加工对矿物生物利用率的影响

　　因为矿物质含量并不等同于真正能吸收利用的矿物质含量，所以相比矿物质含量，矿物质的生物利用率更为重要。食品加工方法应当能够影响植酸或鞣质的溶解度或破坏其抑制作用。矿物质通常不会被影响维生素的因素（如热、光或 pH 值）破坏，但是这些因素有可能会改变它们的存在状态。例如，铁离子从 Fe^{2+}（亚铁）

转变为 Fe^{3+}（铁），其生物利用率取决于添加的形式以及与食品中其他物质的相互作用。维生素 C 通常会促进铁的吸收，但最终效果还需视食物类型而定。在食品加工的过程中，加工方式（如浸水）可能会导致矿物质的流失；所选用的设备可能会导致矿物质含量增加（如钢铁搅拌器或管道会增加铁的含量）。谷物的麸皮和胚芽中含有大量的矿物质。然而，碾磨后，谷物中的矿物质含量大量损失，其铁、锌、铜、镁和锡的含量大大减少。但是，随着植酸的减少，剩余的矿物质的生物利用率可能会提高。相比煮，蒸减少了水溶性维生素及矿物质的破坏，更大程度保留了营养成分。在食品烹调过程中，由于加热时间长，食物细胞壁受到破坏，细胞内的蛋白质、脂肪、水分、维生素、矿物质、有机酸等营养素释放，导致矿物质的生物利用率提高。冷冻和干燥对矿物质的含量和吸收影响不大。发酵能够提高矿物质的生物利用率，这主要是由于发酵过程中产生乳酸，会提高矿物质的溶解度。食品储存对矿物质的含量和生物利用率影响不大。热处理可以改变矿物质的溶解度或破坏食品中的其他成分，从而影响矿物质的生物利用率。美拉德反应生成的产物可以与锌结合，导致锌不能被消化或吸收。对谷物进行挤压，可能会由于使用挤压机，导致铁的含量增加。此外，也可以通过降低植酸盐的含量提高矿物质的生物利用率，但是，这种方法较为复杂且需要结合食品配方进行考量。表 6-2 列出了食品加工过程对各类矿物质含量的影响。

表 6-2　食品加工对矿物质的影响

加工工艺		对矿物质的影响
碾磨		由于麸皮脱落，导致矿物质流失
热处理	烫漂	由于水浸，导致矿物质流失
	巴氏灭菌	矿物质流失较少
	消毒	矿物质流失至盐水或糖浆中
	烘焙	植酸被破坏，增加矿物质的吸收率
	煎炸	碘流失
干燥		影响可忽略不计
冷冻		冷冻前，由于烫漂导致矿物质流失； 解冻时，由于液流失导致矿物质流失
发酵		降低植酸含量
挤压		矿物质的生物利用度可能会增加或减少
包装		锡罐具有强还原性

6.5 课后练习

6.5.1 选择题

1. 脂溶性维生素包括：

（a）A、D、E 和 K

（b）A、D、E 和 L

（c）A、D、E 和 B

（d）A、D、E 和 C

2. 维生素 A 的降解机制类似于：

（a）脂肪酸的氧化降解

（b）蛋白质的水解

（c）果胶的酶促脱甲基酯作用

（d）脂肪酸中双键的饱和

3. 维生素 B_5 的结构包括：

（a）泛酸和 β-丙氨酸

（b）戊酸和 β-丙氨酸

（c）戊炔酸和 α-丙氨酸

（d）戊酸和 α-丙氨酸

4. 叶酸的结构包括：

（a）蝶啶、邻氨基苯甲酸和 L-谷氨酸

（b）蝶啶、对氨基苯甲酸和 L-谷氨酸

（c）蝶啶、间氨基苯甲酸和 L-谷氨酸

（d）蝶啶、间氨基苯甲酸和 D-谷氨酸

5. 食品中的维生素 H 与赖氨酸结合，被称为：

（a）生物胱氨酸

（b）生物丙氨酸

（c）生物半胱氨酸

（d）生物胞素

6. 灰分是食品经高温灼烧后残留下来的无机物，它含有：

（a）全部常量元素

（b）全部微量元素

（c）全部常量元素和微量元素

（d）全部常量元素、微量元素和维生素

7. 植酸对某些矿物质具有很强的结合亲和力，包括：

（a）Ca、Fe 和 Zn

（b）Ca、Cu 和 Zn

（c）Fe、Na、Cu

（d）Cu、Zn、Mg

8. 矿物质的生物利用率和活性在很大程度上与它们的水溶性有关。这句话：

（a）正确

（b）错误

9. 配体可以和矿物质形成：

（a）螯酸合物

（b）螯基合物

（c）前螯

（d）螯合物

10. 因为矿物质含量并不等同于真正能吸收利用的矿物质含量，所以相比矿物质含量，矿物质的生物利用率更为重要。这句话：

（a）正确

（b）错误

6.5.2　简答题-深入阅读

1. 在线阅读：网上搜索"每日参考摄入量（DRI）""推荐膳食摄入量"（RDA）和"每日摄取量（DV）"，并找出维生素 A 相应的值。

2. 画出 $\alpha-$、$\beta-$、$\gamma-$和 $\delta-$生育酚和生育三烯酚的结构，并指出它们的区别。

3. 列出并讨论食品加工中维生素流失的原因。

4. 深层次在线阅读：网上搜索"配位数""单配位基""双配位基"和"多配位基"，并了解各个术语的含义。

5. 列出并讨论食品加工中矿物质流失的原因。

6. 延伸阅读：阅读文章 *Natural Vitamin D Content in Animal Products*（《动物类食品中天然维生素 D 的含量》）（2013）；作者：Schmid，A.，Walther，B.；期刊：*Advances in Nutrition*（《营养学进展》）4（4），453-462 页。

- 每日适宜摄入多少维生素 D？
- 维生素 D 主要来源于哪些动物性食物？
- 讨论膳食和补充剂中维生素 D 的生物利用率。
- 讨论食品加工对维生素 D 稳定性的影响。

7. 延伸阅读：阅读文章 *Bioavailability of iron, zinc, and other trace minerals from vegetarian diets*（《素质饮食中铁、锌和其他微量矿物质的生物利用率》）（2003）；作者：Hunt, J. R.；期刊：*The American Journal of Clinical Nutrition*（《美国临床营养学杂志》）78（3），633S–639S 页。讨论素食者膳食中铁和锌的生物利用率。

6.5.3 填空题

1. 在_____食物中，维生素 A 的降解可能会加速。这些食物的氧化速率通常较快。

2. 从食物中获取比通过生物体合成（阳光照射下）的_____含量少得多。

3. 无论选用哪种加工方式，_____的损失率都约为20%。

4. 合成叶酸在_____环境和_____环境中均十分稳定。

5. _____是指恢复在加工过程中流失的营养素。

6. 矿物质的生物利用率和活性在很大程度上与它们的_____有关。

7. 配体可以与矿物质形成_____。

8. _____酸对膳食矿物质具有很强的结合亲和力。

9. 植物化学物质，例如_____和_____，也会影响矿物质的结合。

10. 相比矿物质含量，矿物质的_____更为重要。

第7章 食品的颜色

学习目标

- 描述肌红蛋白在铁氧化时的颜色变化
- 描述食品加工过程中叶绿素的颜色变化
- 描述食品加工过程中类胡萝卜素的形成和颜色变化
- 描述花青素在不同 pH 值中的颜色变化
- 描述甜菜素的化学结构
- 描述偶氮染料的结构

7.1 概述

味道、气味、质地和色泽是食品感官质量的重要指标，也是食品能否被消费者接受的主要因素。在消费者研究中，新鲜程度、味道和色泽是定义食品质量好与坏的三大标准。色泽不仅呈现了食品发生的化学变化，还会体现食品的味道或口感（例如，烘焙食品成熟阶段与其表皮颜色）。它甚至还可能会是消费者在就餐前对食品味道进行判断的重要手段。因此，在食品加工和储存的过程中，掌控食品的色泽变化、了解食品色素与食品中其他成分之间的相互作用能够确保食品品质、延长食品保质期。添加食品色素的原因主要包括食品原料的颜色发生变化（如季节原因），加工过程中原料颜色发生变化（如热降解的原因），或弥补在储存过程中因光照、氧气或潮湿导致的颜色损失。此外，色素的添加可以增强食品的自然色彩（如草莓饮品的红色），或为无色的食品添加颜色，以创造独特的感官体验（如薄荷味的绿色冰淇淋）。

人类肉眼所看到的颜色是由物体反射的光线射到眼睛并刺激眼睛而产生的一种感觉。视觉（视锥细胞和视杆细胞）的适宜刺激是波长在 380~780nm 之间的电磁辐射，属于电磁辐射的可见光区。在这个范围外的电磁波（如紫外线或微波），人眼不能感知。视杆细胞主要感受明暗变化，视锥细胞分别对红、绿、蓝 3 种颜色最为敏感。人眼对波长为 555nm 的绿光最为敏感。人类可以感知颜色是因为视细胞受到可见光范围的电磁辐射的刺激。人的色彩感觉信息传输通过光源、彩色物体、眼睛和大脑，也就是色彩感觉形成的四大要素。这四个要素不仅使人产生色彩感觉，而且也是正确判断色彩的基本条件。据估计，人眼能辨别超过 1000 万种不同的颜色。光源（如阳光、荧光灯、钨丝灯、霓虹灯或黑光灯）是一个重要因素，它会极大地影响对颜色的感知。例如，在阳光下（主要由红外线、可见光、紫外线组成），大米呈白色，而在黑光［长波紫外线（UV-A）、少量的可见光、无红外辐射］的照射下，则呈紫色。背景色在颜色感知中起着巨大的作用，因为受周围色彩和物体形状的影响，色彩可能会呈现出不一样的视觉效果（例如，白色和黑色的背景色或丘布错觉）。其他因素，如物体大小（同一颜色，物体大小不同，呈现的视觉效果可能不同）、观察角度（同一颜色，观察角度不同，呈现的视觉效果可能不同）或观察者差异（观察者的眼睛和大脑的敏感性）也可能影响颜色的感知。

7.2　光与食品的相互作用

不同物体对光具有不同的吸收、反射、透射性能。当光照射到物体上时，一部分光被吸收（即"停留物体内部"）、反射（即"反射回观察者"）或透射（即"穿透物体"）（图7-1）。食品中某些化学物质（如荧光染料）会发光。例如，汤力水在黑光灯下会发出蓝色荧光，因为其配方中含有奎宁。不同食品的表面具有不同的反射率。对于镜面反射而言，入射角等于反射角。但是，在食品中不存在绝对的镜面反射。漫反射指光线被粗糙表面无规则地向各个方向反射的现象。反射两种模式（镜面反射和漫反射）共存现象称为光泽反射（图7-1）。

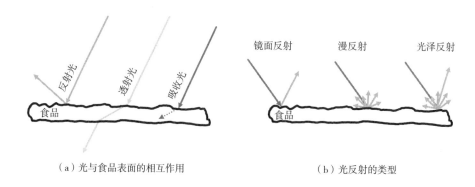

（a）光与食品表面的相互作用　　　　　　　　　　（b）光反射的类型

图7-1　光与食品表面的相互作用以及光反射的类型

从实际情况来看，如果食品表面哑光，说明光照到食品上会向各个方向散射（即无光泽）；如果食品表面亮光，说明光照到食品上主要发生镜面反射（即有光泽）。例如，水果的表皮细胞外有一层角质层，角质层中充满蜡质物质，令水果富有光泽（如苹果、樱桃等）。在储存过程中，如果角质层因生化反应或运输过程中的摩擦而受损，则会导致水果失去原有的光泽。浑浊度和半透明度是两个与透射光有关的术语。混浊的液体中（如混浊柠檬水、牛奶或混浊苹果汁）含有颗粒或液滴，会将光向四周散射。透明的液体中不含颗粒，或者颗粒尺寸非常小，光无法进行散射。这也就是为什么有些液体看起来是透明的（如澄清透明的苹果汁或红莓汁）。

颜色的测定方法

红、绿、蓝三种色光，可以混合成各种颜色的光。这成为颜色测量（即比色法）和颜色分类系统（或颜色空间）的基础。根据色彩的描述方式和应用场景，颜色空间存在许多种不同类型（例如，CIE 1931 XYZ 颜色空间、蒙塞尔色彩系统、Adobe RGB 颜色空间等）。CIELAB 颜色空间（$L^*a^*b^*$）是一种接近人类视觉的颜色空间，常用于工业生产和科学研究中。其中 L^* 表示物体的明亮度：0~100 表示从黑色到白色；a^* 表示物体的红绿色：正值表示红色（+127），负值表示绿色（−128）；b^* 表示物体的黄蓝色：正值表示黄色（+127），负值表示蓝色（−128）。$L^*a^*b^*$ 颜色空间用 L^*、a^*、b^* 一组数据将一种颜色用数字直观地表示出来，并与颜色形成一一对应关系。

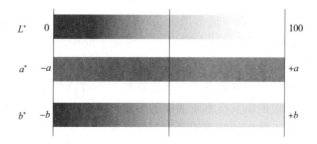

在 $L^*a^*b^*$ 颜色空间中，采用数值的方式表示两种颜色在色彩感觉上的差别。$L^*a^*b^*$ 值可根据以下公式计算得到两色间的色差（ΔE^*）：

$$\Delta E^* = \sqrt{\Delta L^{*2} + \Delta a^{*2} + \Delta b^{*2}}$$

其中，$\Delta L^* = L^*_{样品值} - L^*_{标准值}$，$\Delta a^* = a^*_{样品值} - a^*_{标准值}$，$\Delta b^* = b^*_{样品值} - b^*_{标准值}$。当然，也可以采用其他等式进行计算，不过根据上面的等式，已经可以计算出两色间的色差。例如，需要观测控制加工过程中（如油炸或烘焙）食品的颜色差异。若 $\Delta E^* \geq 1$，表示两种颜色不同。若 $\Delta E^* > 3$，表示两种颜色存在明显的差别。对于某些食品（如烘焙或油炸食品），不同批次的颜色差别很大，可能会达到 $\Delta E^* > 4$；

而对于某些食品（如肉制品），出现轻微的色差可能会被认定为产品质量不合格。比色法是检测食品质量安全最常用的方法之一，它通过颜色比对的方式，判断食品安全性。比色法还常用于新产品研发（例如，采用新的加工工艺或更换食品原材料）、判定食品是否处于保质期内，以及用于研究消费者喜欢哪种食品色泽等方面。

7.3　颜色化学

食品色素是以给食品着色为主要目的的添加剂，主要包括染料、色淀和颜料。食品色素是一个常用术语，是赋予食品一定颜色的物质。染料是食品色素的一种，一般都能溶于水，形成有色溶液。染料在染液中呈分散体，沉淀后则称为色淀（通常需要添加氢氧化铝）。氢氧化铝颗粒会与这种染料结合，使其不溶于水。色淀可以分散在脂肪、油和某些无水配方中（如蛋糕粉）。例如，蓝色的运动饮料通常使用染料着色，而蓝色的口香糖则通常使用色淀。颜料属于无机化合物，通常是不溶于水的氧化物，例如乳制品中添加的二氧化钛或蛋糕粉中添加的氧化铁。食品色素可以根据食品需求以多种不同的形式存在，如粉末状、液体浓缩物、分散体或乳剂形式。在生命科学中，"色素"通常指食品天然着色剂（即肌红蛋白、叶绿素、类胡萝卜素、花青素和甜菜素）。这个词也会出现在下面的章节中，所以理解这些术语之间的区别很重要。

食品色素按照来源主要分为食用天然色素和人工合成色素两种，都各自有优点和缺点。天然色素通常根据其在水或油中的溶解性或其化学结构进行分类，可分为五类。其中，主要源于植物的花青素和甜菜素是水溶性的，而类胡萝卜素和叶绿素是脂溶性的，不过，某些类胡萝卜素也存在于非植物食物中。例如，螃蟹或虾呈现的颜色是由于存在各种类胡萝卜素（主要为虾青素和β-胡萝卜素）所致；蛋黄的颜色主要是因为存在类胡萝卜素（叶黄素）和玉米黄素。肌红蛋白是一种天然色素，主要存在于哺乳动物的骨骼肌和心肌组织细胞质中，它是一种水溶性蛋白质。天然色素可以按结构分类，主要分为异戊二烯衍生物类（类胡萝卜素和叶黄素）、四吡咯衍生物类（叶绿素、血红素）、苯并吡喃衍生物类（花青素、类黄酮、鞣质）和甜菜碱衍生物类（甜菜素）四大类。

7.3.1　肌红蛋白

肌红蛋白（Mb）是一种细胞内蛋白质，存在于动物或人体的肌肉细胞中，是形成肉色的主要物质。它是一种小分子色素蛋白，由珠蛋白与正铁血红素结合而成，可以与氧发生反应（图 7-2）。

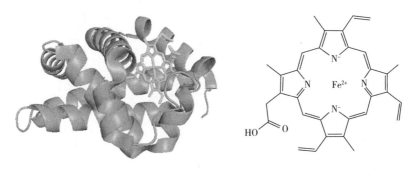

（a）肌红蛋白的结构［血红素（绿色）位于蛋白质内］　　　（b）血红素的结构

图 7-2　肌红蛋白与血红素结构

图片采用 PyMOL 软件根据 PDB 统一编码 1WLA 绘制

　　与血红蛋白不同（存在于红细胞内），肌红蛋白通常存在于动物或人体的肌细胞中。需要注意的是，动物在被宰杀的过程中，血液已基本流尽，肉的颜色基本是由肌红蛋白产生，残余的血红蛋白几乎不起作用。血红素中铁离子的氧化状态（即 Fe^{2+} 或 Fe^{3+}）对肌红蛋白的颜色（肉的颜色）起着决定性的作用。肌红蛋白共有脱氧肌红蛋白（紫红色）、氧合肌红蛋白（鲜红色）、高铁肌红蛋白（红褐色）三种形式。其中，脱氧肌红蛋白具有较强的氧合能力，与氧分子结合后生成氧合肌红蛋白（MbO_2，Fe^{2+}），表现为鲜红色，这也是肉类呈现红颜色的原因。氧合肌红蛋白释放氧气后能够可逆地转为脱氧肌红蛋白（Fe^{2+}）（图 7-3）。若 Fe^{2+} 被氧化成 Fe^{3+}（肌红蛋白被氧化），形成红褐色的高铁肌红蛋白。当 Fe^{3+} 铁离子被还原成 Fe^{2+} 时，颜色会恢复为鲜红色，不过，在实际中并不会使用这种方法。在腌制肉类时，使用的硝酸盐和亚硝酸盐会产生一氧化二氮（N_2O），一氧化二氮与肌红蛋白作用后，会形成氧化氮肌红蛋白（NO-Mb，Fe^{2+}），加热后呈粉红色（如煮熟的火腿）。此外，肌红蛋白还能够与一氧化碳（CO）结合，生成碳氧肌红蛋白（CO-Mb，Fe^{2+}），从而形成稳定的亮红色。

　　食品呈绿色可能是由于生成了硫肌红蛋白（H_2S）、胆绿蛋白、氧化卟啉或存在过量的 NO（"亚硝酸盐燃烧"）。肌红蛋白的浓度决定了颜色的深浅，不同食品中含量不同，顺序如下：鸡肉（0.02mg/g）＜猪肉（2mg/g）＜羊肉（6mg/g）＜牛肉（8mg/g）。此外，老龄动物肌红蛋白含量更高，运动多的部位其肌红蛋白含量更高。

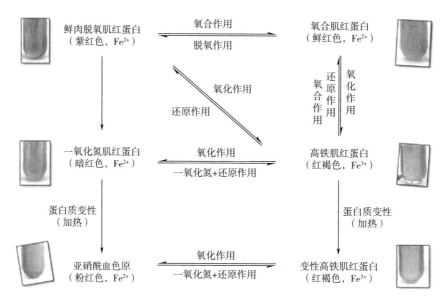

图 7-3 铁离子氧化时，肌红蛋白的颜色变化

7.3.2 叶绿素

叶绿素是高等植物和其他所有能进行光合作用的生物体含有的一类绿色色素。叶绿素（如叶绿素 a、叶绿素 b 等）的结构和吸收光的特性导致所呈现的绿色深浅不一。叶绿素分子由卟啉环（头）和叶绿醇（尾）两部分构成。叶绿素中卟啉环的结构与血红素中卟啉环的结构相似，但络合的金属离子是 Mg^{2+} 而不是 Fe^{2+}（图 7-4）。

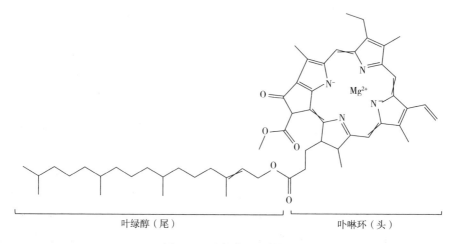

图 7-4 叶绿素 a 的结构

　　叶绿素分子的头部具有亲水性，尾部（叶绿醇）具有亲脂性。食品在加工过程中都会引起叶绿素不同程度的变化。食品成分和食品加工条件，如 NaCl，pH 值，温度和加热时间，都影响食品的颜色。在装罐过程中，当叶绿素暴露在高温或酸性条件下，会导致 Mg^{2+} 离子的流失，生成橄榄绿色的脱镁叶绿素和焦脱镁叶绿素。烫漂会使叶绿素水解酶失去活性，生成水溶性的脱植基叶绿素（深绿色），再进一步加热/或酸化形成脱镁叶绿素（橄榄绿）（图 7-5）。

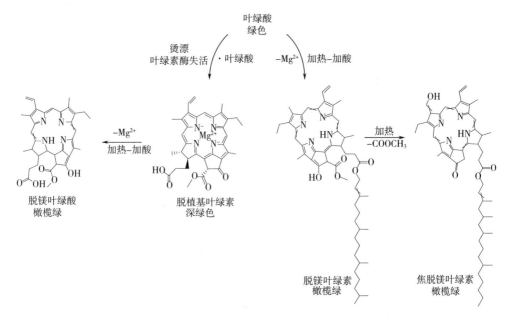

图 7-5　食品加工引起叶绿素发生变化

7.3.3　类胡萝卜素

　　类胡萝卜素是一类黄色、橙色或红色的脂溶性化合物，是一种运用范围最广的色素。目前已知的类胡萝卜素超过 600 种，可分为两大类：含氧原子的叶黄素类和只含碳氢原子的胡萝卜素类。类胡萝卜素由异戊二烯单位首尾相连形成，在分子中间形成一系列的共轭双键（图 7-6）。从化学结构看，它是含 40 个碳的类异戊烯聚合物，即四萜化合物，其碳架可以是第一个异戊二烯的碳原子 C-1 与第二个异戊二烯的碳原子 C-4 相连，也可以是异戊二烯的碳原子 1-1（尾-尾）和 4-4（头-头）相连。不过，根据异戊二烯法则，在大多数天然存在的萜类化合物中，不存在 1-1 或 4-4 相连的碳架结构。这种不完全符合异戊二烯法则的萜类化合物称为不规则萜类化合物。$β$-胡萝卜素便是最常见的例子（图 7-7）。

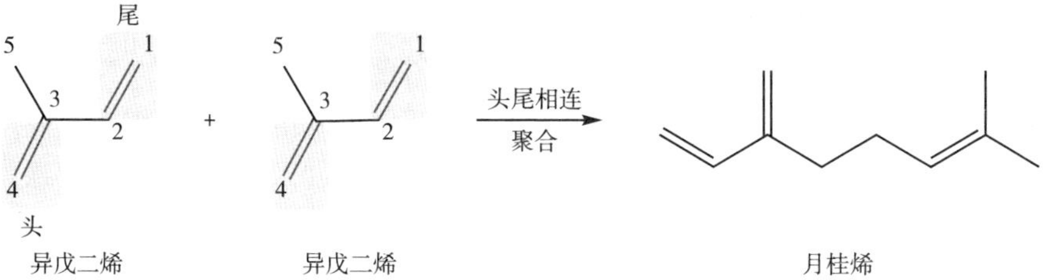

图 7-6　异戊二烯头尾相连形成月桂烯（月桂烯是最简单的单萜类化合物，是精油的重要原料）

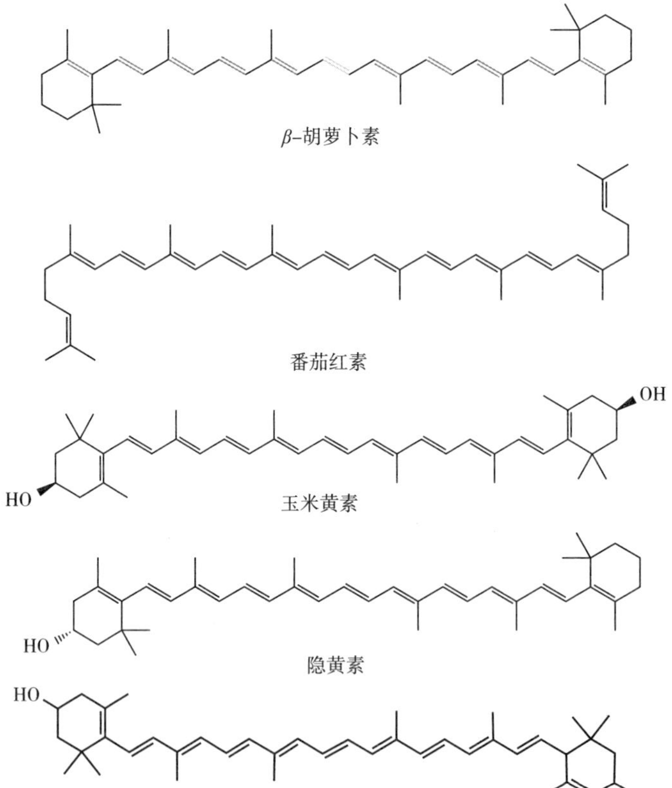

图 7-7　类胡萝卜素的结构（β-胡萝卜素和番茄红素属于只含碳氢原子的胡萝卜素类，
其余的属于含氧原子的叶黄素类）

红色表示 β-胡萝卜素的共轭键。绿色表示异戊二烯进行 1-1 聚合（尾-尾）形成的无规则双键

　　类胡萝卜素的颜色因共轭双键的数目不同而变化。共轭双键的数目越多，颜色
越移向红色。类胡萝卜素分子中至少含有 9 个共轭双键时才能呈现出黄色。食物中
的类胡萝卜素一般是反式构型，偶尔也有顺式化合物存在。反式类胡萝卜素的颜色

最深，若顺式双键数目增加，会使颜色变浅。在食品加工和储存的过程中，光、氧、酸和热都可能会导致类胡萝卜素的构型发生变化。在食品加工过程中，尽管食品配方各不相同，常规操作一般都不会影响类胡萝卜素的颜色。烫漂会钝化类胡萝卜素降解酶的活性，使速冻食品在冻藏过程中不变色。更为严格的食品热处理和杀菌技术一般也都不会影响类胡萝卜素的变色。而脱水会降解食用色素，这就是为什么脱水水果会比新鲜水果的颜色淡一些的原因。

7.3.4　花青素

花青素广泛存在于开花植物、水果和蔬菜中。自然界有超过 700 种不同的花青素。花青素分子具有两性，所以花青素的颜色会随着 pH 值的变化而变化。一般而言，酸性环境下为粉红色、紫色等；碱性环境下为蓝色等。花青素的基本结构单位是 2-苯基苯并吡喃阳离子（图 7-8），通常与各种单糖，例如，葡萄糖或半乳糖等，通过糖苷键形成花色苷。如果没有单糖这些分子被称为花青素。花青素通常含有多个羟基和甲氧基的取代基。花青素因所带羟基数（—OH）、甲基化、糖基化数目、糖种类和连接位置等因素而呈现不同颜色。羟基（—OH）越多，颜色越向蓝移，而甲氧基越多，则颜色越向红移。天竺葵色素、矢车菊色素、飞燕草色素、芍药色素、锦葵色素和牵牛花色素是食品中最常见的花青素（图 7-9）。

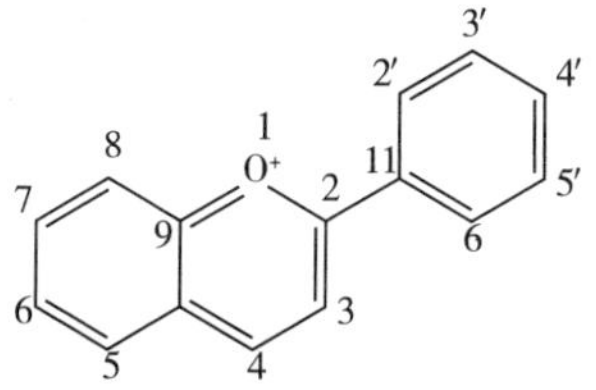

图 7-8　花青素的基本结构单位是 2-苯基苯并吡喃阳离子（原子的编号已标识出来）

羟基等供电子基团的存在会降低花青素的稳定性，而甲氧基取代基（—OMe）的存在会增强其稳定性。当溶液 pH 值<2.0 时，花青素以 2-苯基苯并吡喃阳离子的形式存在，溶液显橙色或红色；随着溶液的 pH 值增加，溶液可能会发生两种竞争反应：2-苯基苯并吡喃阳离子的水合反应和酸性羟基的质子转移反应。第一种反应会生成无色的甲醇假碱（pH 值约为 5.0），它可以开环形成淡黄色或无色的查尔酮（pH 值约为 6.0）第二种反应会生成紫色的醌类碱（pH 值约为 4.0）。当 pH 值为 6.0~7.0 时，醌类碱脱去质子，形成淡蓝色的醌类阴离子（图 7-10）。花青素以平衡态混合物的形式存在。当 pH 值大于 2.5 时，平衡态混合物中各物质浓度的顺序如下：（多）甲醇假碱>查尔酮>醌类碱（少）。

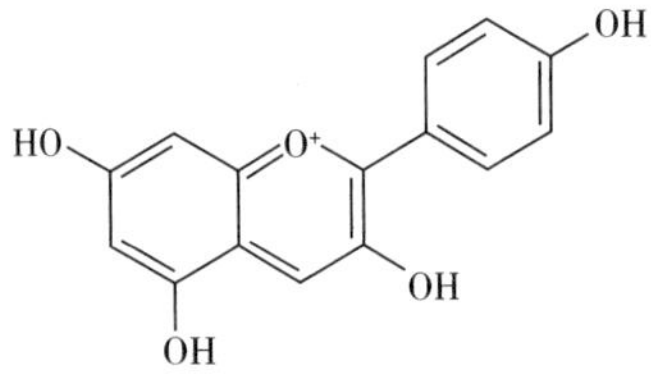

天竺葵色素

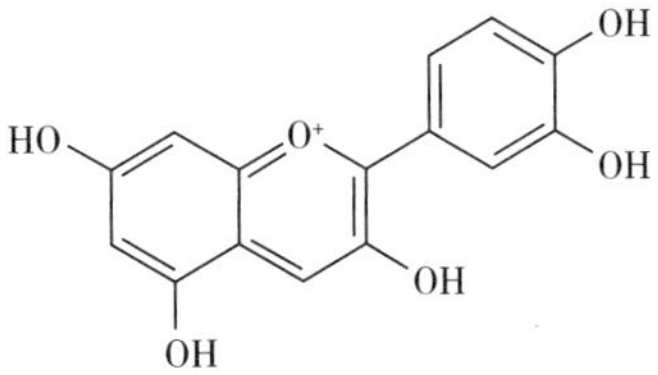

矢车菊色素

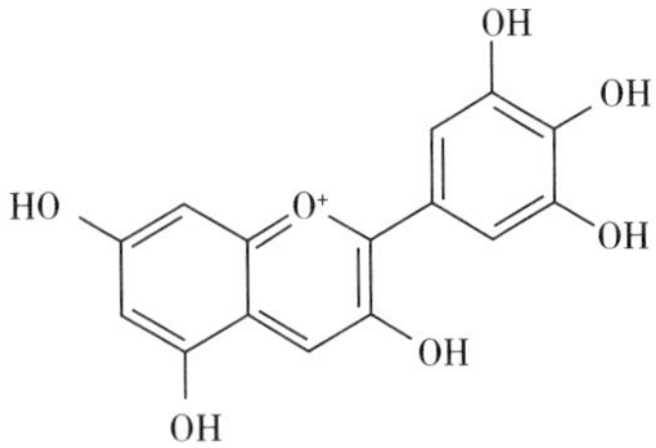

飞燕草色素

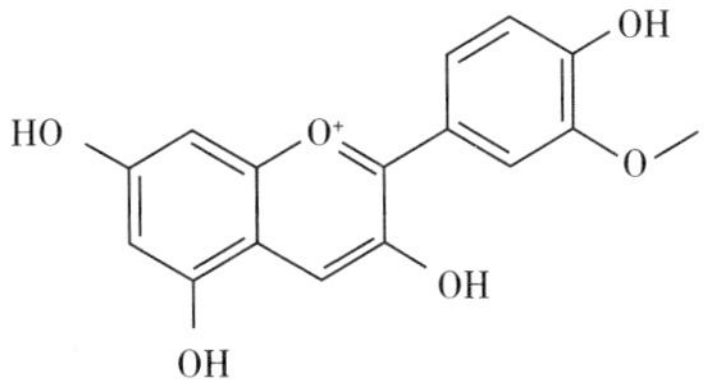

芍药色素

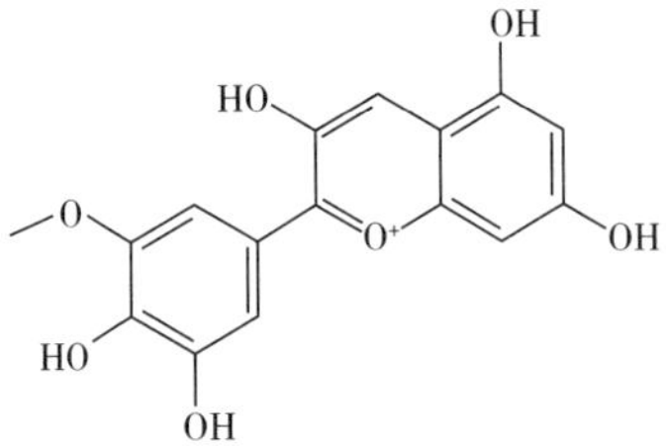

牵牛花色素

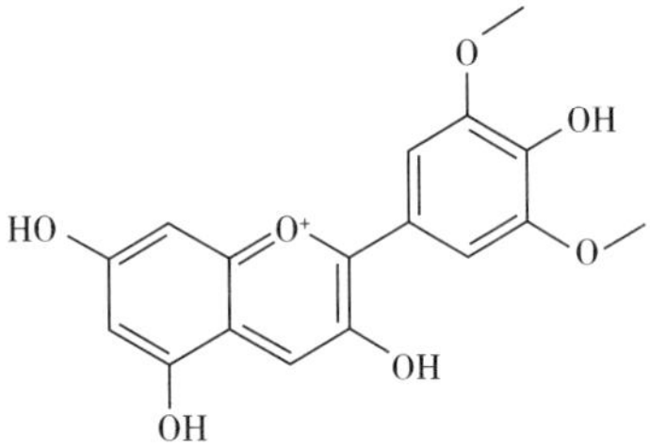

锦葵色素

图 7-9　食品中常见的花青素（结构图的颜色表示该花青素呈现出的近似颜色。
这些花青素对 pH 值高度敏感）

　　花青素稳定性较差，容易受到诸多外界因素的影响。因此，在制定花青素的保色策略时，必须考虑食品加工和储存等各个方面的影响。一般来说，高温会打破平衡状态，导致共价键发生氧化和裂解使花青素以查尔酮式结构存在，产生具有"脏"感的黄色或棕色。花青素容易被氧气氧化，逐渐降解生成棕色物质，所以包装时，需要除去氧气（如选用真空包装）。光照会加快花青素降解的速率，因此，富含花青素的食品尽量避光保存。对于高浓度糖（如果酱），由于 A_w 较低，会增加花青素颜色的稳定性。但是，低浓度糖会加速花青素的降解。在抗坏血酸存在的情况下，花青素分解褪色得更快，这对含有水果成分的食品配方非常重要。类黄酮色素是一类水溶性植物色素的总称，大多呈黄色，化学结构与花青素相似。在植物界

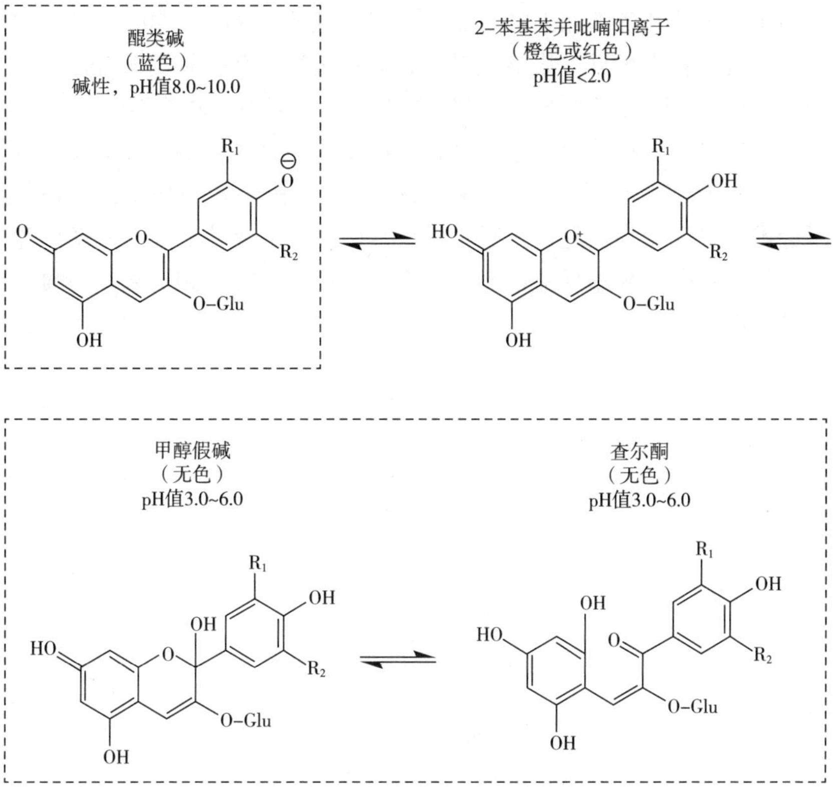

图 7-10　花青素的颜色随 pH 变化而变化。当溶液 pH 值<2.0 时，
花青素以 2-苯基苯并吡喃的形式存在

注：（a）当 pH 值约为 4.0 时，生成紫色的醌类碱。pH 值逐渐升高至 6.0~8.0 之间，溶液逐渐变为蓝色；
（b）当 pH 值约为 5.0 时，生成无色的甲醇假碱；当 pH 值为 6.0 时，开环形成淡黄色或无色的查尔酮。

Glu 表示葡萄糖

分布最广的类黄酮（黄酮类化合物）是槲皮素（图 7-11）。类黄酮（黄酮类化合物）是植物中分布广泛的一类物质，目前已发现的黄酮类化合物总数已超过 6000 种，它们通常比花青素更稳定。类黄酮色素不作工业原料使用，洋葱、菜花、马铃薯略带黄色，是因为类黄酮色素的存在。

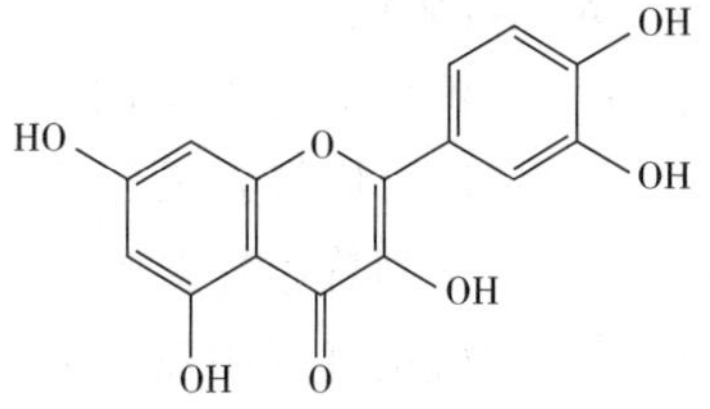

7.3.5　甜菜素

甜菜素为红色或者黄色的色素，主要有

图 7-11　槲皮素的结构

红-紫色的甜菜红素和黄-橙色的甜菜黄素两大类。甜菜素主要存在于石竹目开花植物中，如甜菜、苋菜和各类仙人掌。甜菜红素与花青素的颜色相近，但不受 pH 值的影响；甜菜黄素较为少见。甜菜红素是甜菜醛氨酸与有机胺类缩合而成的含氮化合物。根据酚羟基上取代基的不同，甜菜红素可分为多种不同的化合物（图 7-12）。此外，甜菜素中可能存在单糖，它们会影响食品的颜色。例如，红甜菜中的甜菜素（甜菜红苷）含有葡萄糖。甜菜素在 pH 3.0~7.0 范围内较为稳定，但在加热加酸的作用下会发生降解变为黄色。光照、与氧气接触都会导致甜菜素的颜色流失，因此含有甜菜素的食品应采用真空包装。某些天然存在的酶（如过氧化物酶）可以催化甜菜素氧化降解。

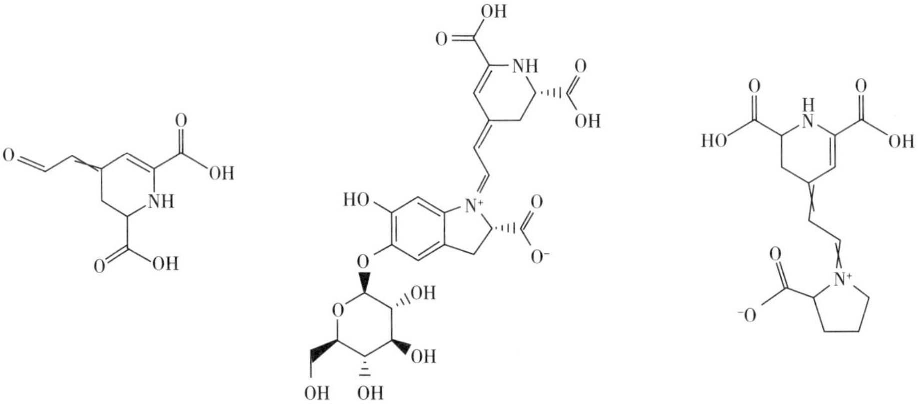

| 甜菜碱 | 甜菜红苷 | 梨果仙人掌黄质 |

图 7-12　两种甜菜素的结构（甜菜红苷是甜菜碱的衍生）

最后，其他天然色素主要来源于各种天然植物，通常不需要再进一步纯化，例如螺旋藻提取物（藻蓝素）、藏红花（藏红花素、类胡萝卜素）、胭脂树（胭脂树橙素和降胭脂树橙素、类胡萝卜素）、胭脂虫（胭脂红酸）或姜黄（姜黄素）。

7.3.6　人工合成色素

由于天然色素的色度范围和应用数量有限，有时需要添加人工合成色素。而且，食品制造商可以将人工合成色素添加到食品中，提高食品的视觉吸引力。人工合成色素用于食品着色有很多优点，如色彩更鲜艳、着色力更强、在加工和储存过程中性质更为稳定（如耐热、耐光、抗氧化等）、成本更低等，这些都是天然色素无法达到的。通过焦糖化反应生成的焦糖色素已在 5.3.1.2 章节中说明。

按结构划分，人工合成色素可分为偶氮类染料、三芳甲烷类染料和黄嘌呤类染料。偶氮类染料是二氮烯（H—N ═N—H）的衍生物。其中，N ═N 官能团称为偶氮基。某些染料具有多个偶氮基（即双偶氮染料、多偶氮染料），它们的分子结构中含有 R—N ═N—R′结构，R 和 R′通常为芳基（图 7-13）。各国对允许使用的人工合成色素都有明确规定，相关部门会对其安全性进行评估。目前有 10~15 类人工色素允许添加到食品中（不同国家规定不同）。详细信息可以在相关机构的网站上获取［如欧洲食品安全局（EFSA）、美国食品药品监督管理局（FDA）等］。相关部门会定期对清单中的人工合成色素进行重新评估，并根据最新的毒理学测试结果及时更新。

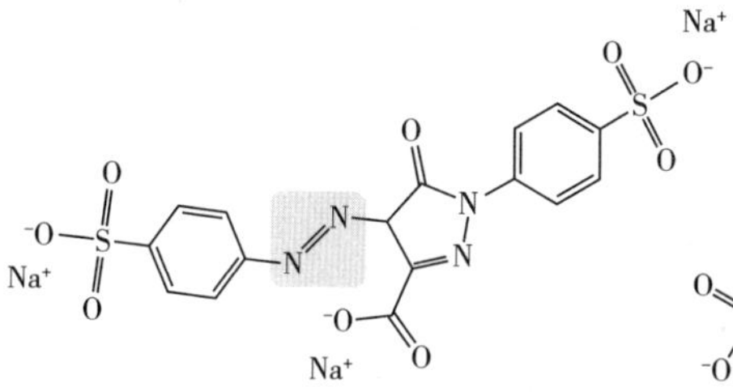

酒石黄

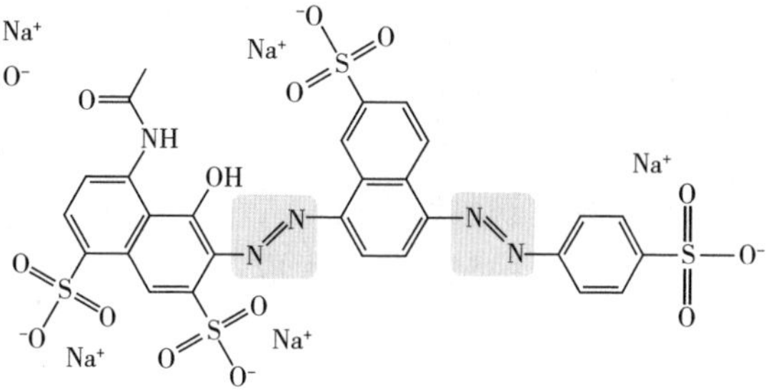

亮黑色素

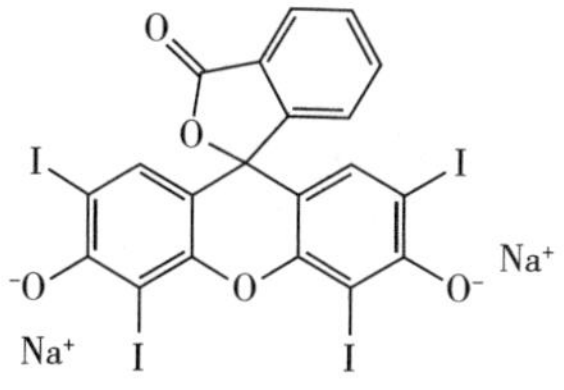

赤藓红

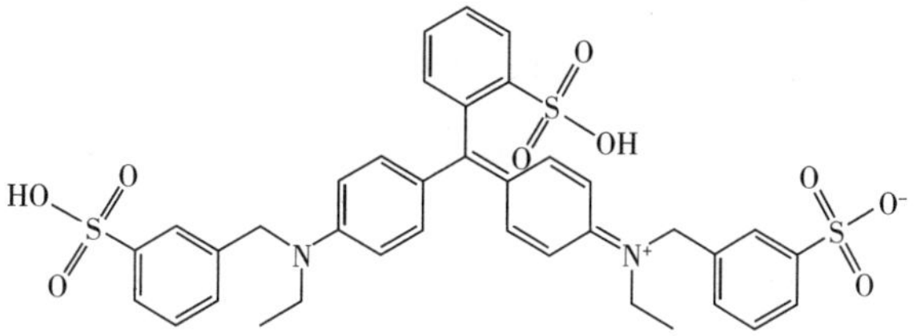

亮蓝色素

图 7-13　偶氮染料（酒石黄）、双偶氮染料（亮黑色素）、黄嘌呤（赤藓红）和三芳甲烷（亮蓝色素）的结构

前两种色素结构中的偶氮基用蓝色突出显示

7.4　课后练习

7.4.1　选择题

1. 光在水果表面发生镜面反射和漫反射，使水果呈现：

（a）光泽外观

（b）哑光外观

（c）荧光外观

（d）半透明外观

2. 在 $L^*a^*b^*$ 颜色空间中，b^* 表示物体：

（a）从蓝色到黄色的颜色变化

（b）从红色到绿色的颜色变化

（c）从白色到黑色的颜色变化

（d）从蓝色到绿色的颜色变化

3. 肌红蛋白的氧饱和作用生成：

（a）氧合肌红蛋白

（b）高铁肌红蛋白

（c）变性肌红蛋白

（d）变性高铁肌红蛋白

4. 肌红蛋白的氧化作用生成：

（a）氧合肌红蛋白

（b）高铁肌红蛋白

（c）变性肌红蛋白

（d）变性高铁肌红蛋白

5. 整个叶绿素分子具有亲水性，对 pH 值较为敏感。这句话是：

（a）正确

（b）错误

6. 绿色蔬菜烫漂后，颜色呈橄榄绿，因为流失了：

（a）镁离子

（b）铁离子

（c）钙离子

（d）锌离子

7. 花青素的结构与类胡萝卜素非常相似，但是它们呈蓝色或紫色。这句话是：

（a）正确

（b）错误

8. 随着 pH 值增加，飞燕草色素：

（a）由蓝色逐渐变为绿色

（b）由蓝色逐渐变为红色

（c）由绿色逐渐变为蓝色

（d）由红色逐渐变为蓝色

9. 甜菜红苷是 2-苯基苯并吡喃阳离子的衍生物。这句话：

（a）正确

（b）错误

10. 卟啉环存在于：

（a）叶绿素和血红素中

（b）黄离子和血红素中

（c）甜菜醛氨酸和叶绿素中

（d）β-胡萝卜素和β-花青素中

7.4.2　简答题-深入阅读

1. 讨论食品着色的目的和影响颜色感知的因素。

2. 解释为什么某些肉制品（如煮熟的火腿、香肠）呈粉红色。

3. 讨论叶绿素在酸性条件下烫漂和加热，结构和颜色有什么变化。

4. 在线阅读：在线搜索植物类胡萝卜素的生物合成途径和植物素的重要性。

5. 在线阅读：在线搜索"脱辅基类胡萝卜素""胭脂树橙素"和"降胭脂树橙素"。这些化合物存在于哪些天然食用色素中？

6. 写出并讨论花青素随 pH 值变化而发生的反应。

7. 在线阅读：搜索并了解以下 E 开头的着色剂 E160d，E161b 和 E162。

8. 在线阅读：搜索食品添加剂丽春红 S，诱惑红和棕色 HT 的结构，并标出偶氮基团。

9. 延伸阅读：阅读文章 *Colour Measurement and Analysis in Fresh and Processed Foods：A Review.*（《新鲜和加工食品的颜色测量和分析：综述》）（2013）；作者：Pathare，P. B.，Opara，U. L.，Al-Said，F. A. -J；*Food and Bioprocess Technology*（《食品与生物加工技术》），6（1），36-60 页。

- "总色差""白度指数"和"黄度指数"的含义是什么？
- 如何量化褐变过程中的颜色变化？
- 哪些数学经验模型适用于颜色降解动力学？

7.4.3　填空题

1. 食品中的荧光染料是＿＿＿＿＿＿。

2. 某些水果的表面有微量光泽是因为＿＿＿＿＿＿的存在。

3. ＿＿＿＿＿＿中铁离子的＿＿＿＿＿＿对肉的颜色起着决定性的作用。

4. 高铁肌红蛋白的颜色为＿＿＿＿＿＿。

5. 亚硝基肌红蛋白的颜色为＿＿＿＿＿＿。

6. 当叶绿素暴露在高温和/或酸性条件下，会导致＿＿＿＿＿＿离子的流失，生成橄榄绿色的＿＿＿＿＿＿和＿＿＿＿＿＿色素。

7. 类胡萝卜素由＿＿＿＿＿＿单位首尾相连形成，在分子中间形成一系列的＿＿＿＿＿＿双键。

8. ＿＿＿＿＿＿类胡萝卜素的颜色最深，若＿＿＿＿＿＿双键数目增加，会使颜色变浅。

9. ＿＿＿＿＿＿是不含糖基的花色苷。

10. 醌类碱的颜色为＿＿＿＿＿＿。

11. ＿＿＿＿＿＿与花青素的颜色相近，但不受 pH 值的影响。

12. ＿＿＿＿＿＿类染料的结构中含有 N＝N 官能团。

第8章 食品的风味

学习目标

- 了解主要风味物质的化学结构
- 描述带甜味和苦味的化合物的化学结构
- 讨论食品风味的形成途径
- 讨论食品风味的释放和稳定性

8.1 概述

食品风味指以人的口腔为主的感觉器官对食品产生的综合感觉，其中味觉和嗅觉起主要作用。这些感觉器官被称为"化学感官"，也就是说，它们能够感受到环境中的化学信号。刺激性化学物质、温度变化和食品口感都会刺激感觉器官的三叉神经，这些对食品味道的整体感知都十分重要。能够产生化学感觉的物质通常存在于天然原材料中，它们也经常被添加到食品中。添加食品风味物质主要有三个原因：①增加额外的味道。例如，带柑橘味的矿泉水；②弥补因食品加工而丢失或改变的味道。例如，水果饮料的热处理加工导致了某些香味物质的流失；③创造属于食品自己的味道。例如，烘焙可可豆或咖啡豆。

风味物质可以是天然的、加工形成的或人工合成的。每个国家或地区［例如，美国食品药品监督管理局（FDA）、欧洲食品安全局（EFSA）等］对其定义各不相同。但是无论如何定义，天然的风味物质是直接从植物或动物中提取的，未经任何化学修饰；而人工的风味物质则是通过化学合成获取的。它们两者之间的区别可以用香草香精来举例说明。天然的香草香精是通过乙醇溶液浸提香草豆荚制成。产生香草香精的五种主要化合物是香草醛、4-羟基苯甲醛、4-羟基苯甲酸、香草酸和3-甲氧基苯甲醛。另外，还有其他150多种化合物，共同形成天然的香草口味。但是，我们也可以通过化学手段合成组成香草香精的五种主要化合物，然后将它们按一定比例混合在乙醇中。这样也能够产生香草香精（人工合成），而且并不逊于天然的香草香精，只是人工合成的香草香精中只含有五种化合物。实际上，大多数的商业香精（与天然原料的味道十分相似）都是人工合成或通过化学物质调配而成。加工形成的风味物质主要指食品在加工过程中（如焦糖化反应）产生的或通过某些加工工艺（如热法或酶法等，详见第8.3章节）产生的物质。

一般而言，食品风味包含四个特性，使其具有特色，容易区分：第一特征、第二特征、复杂性和平衡性。第一特征是识别食品风味的主要指标，是组成食品风味的基本要素。如果不存在第一特征，相应的风味也不会存在。第二特征不是识别食品风味的主要指标，但是它对风味特点的形成具有重要意义。例如，纯苯甲醛闻起来似乎不像是樱桃的味道，但是它确实是樱桃味的核心成分。因此，樱桃提取物非常容易辨识，因为它含有多种次生化合物，这些化合物使其味道具有樱桃的特征。复杂性是指食品风味可以根据其使用目的呈现不同的特征。本质上而言，复杂性是指风味食品中包含的化学物质种类繁多，这些化学物质相互协作共同形成了该食品的风味。不同食品，其风味的复杂性不同。例如，简单水果口味中，含有约 15 种不同的风味物质；某些加工食品中（如美拉德反应），含有约 300 种风味物质。平衡性也是食品风味的一个重要特征。如果食品中某种风味物质的味道淹没其他化合物的味道时，最终合成的风味可能变得不平衡，并产生一种令人不悦的味道。采用人工合成的香精产生天然香精的效果极具挑战性，因为人工合成的香精往往会导致味道不够协调，而天然的食品香精往往是协调、纯正的。

8.2　风味化学

化学物质作用于感觉器官而引起的味觉和嗅觉，称为化学味觉。一般来说，化学味觉分为酸、甜、苦、咸、鲜五种基本味觉。也就是说，某种化学物质（如奎宁）触发了感觉感受器（如味蕾）的神经反应，引发味觉感知（即苦味），并最终转化为行为反应（苦味——通常是排斥）。当食物中的化学物质与味觉受体细胞上的受体结合，味觉信号就会变成电信号，通过与味觉受体细胞相连的神经传递，经过几个信号中转站，最终到达大脑。有时不同的化学物质也会产生相似的味道。因此，在化学物质的刺激结构和味觉感受器之间存在一种特有的结构-功能关系。

研究得最为充分的结构-功能关系是甜味化合物的结构-功能关系，许多无热量人工甜味剂是根据其作用机制研发而成。这些人工甜味剂的结构与糖类物质（如葡萄糖）的结构完全不同。首先，甜味分子（也称为糖基团）必须具有水溶性，因为刺激味觉受体的呈味物质是通过分子间的化学作用（如氢键的相互作用）产生，而这些化学作用主要是在水溶液中发生的。其次，甜味分子必须具备恰当的分子几何形状和电子排布，这样才能与味觉受体相互作用。目前最有效的甜味理论（即 AH-B-γ 理论或甜味三角形理论）认为甜味分子中的 AH-B-γ 3 部分与味觉受体的 3 个结合基团相互作用时的空间排列需要呈三角形（图 8-1）。

甜味分子与味觉受体通过氢键和疏水作用互补结合。味觉受体的 AH^+ 区中含有

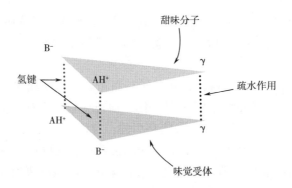

图 8-1　甜味分子中的 AH-B-γ 3 部分与甜味受体的 3 个结合基团
相互作用时的空间排列需要呈三角形
黄色三角形：甜味分子；灰色三角形：味觉受体

例如羟基、氨基或其他带有氢原子的功能基团，可以与甜味分子中的某些负电荷原子（如氧原子）形成氢键。B⁻区中含有例如羟基、羧基或其他带有负氧离子的功能基团，可与甜味分子中的某些正电荷原子（如氢原子）形成氢键。最后，甜味分子的 γ 区域垂直相交于另外两个区域，通过疏水作用与味觉受体相结合。苯环和多种-CH₂ 和-CH₃ 等官能团通常存在于 γ 区中（图 8-2）。一般而言，高热量的甜味剂属于糖类化合物，最常见的包括蔗糖、葡萄糖、果糖及其混合物。糖醇（如山梨醇

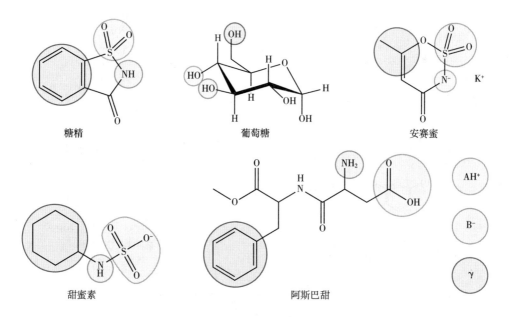

图 8-2　几种常见甜味剂的结构（强调突出的部分是与味觉受体互补结合的功能基团）

或木糖醇）也带有甜味，但是所含热量较低。某些甜味分子结构中含有硫元素，例如甜蜜素、糖精、糖苷（甜菊糖苷）、肽类物质（阿斯巴甜）、某些蛋白质（奇异果甜蛋白）。

从分子结构–受体关系来看，苦味分子与甜味分子密切相关。甜味分子一定含有两个极性基团和一个辅助性的非极性基团；而苦味分子含有一个极性基团和一个非极性基团。某些苦味分子尝起来可能是甜的，这取决于化合物的立体化学性质，从而产生了苦–甜味。某些人工合成的甜味剂带苦味，需要进行遮掩。苦味遮掩技术正是当前食品风味化学的研究领域之一。苦味分子的检测阈值较低，且比甜味分子更不易溶于水。苦味受立体化学的影响十分大。例如，L-色氨酸尝起来是苦的，而 D-色氨酸却是甜的（图 8-3）。

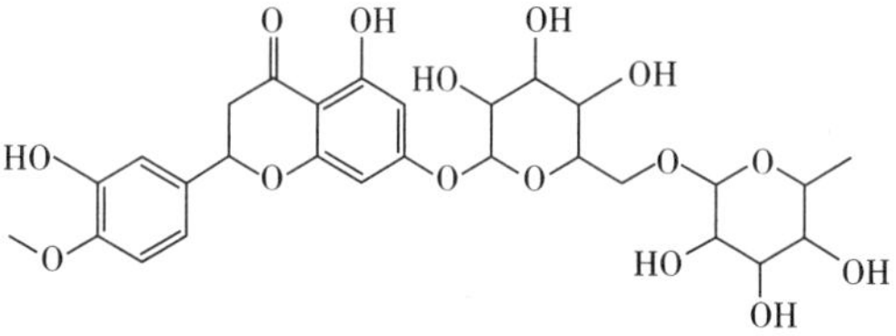

橙皮苷
无味

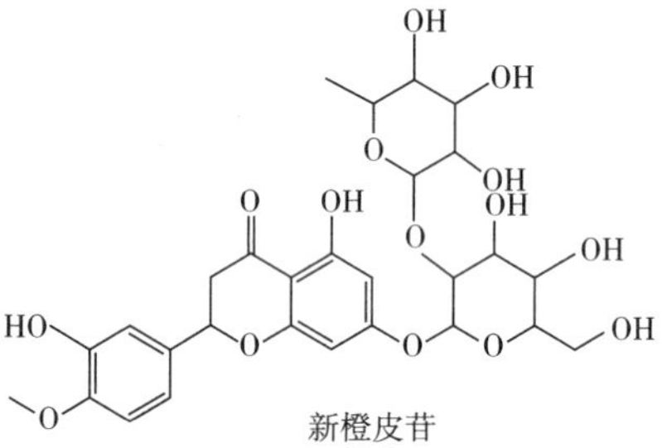

新橙皮苷
苦味

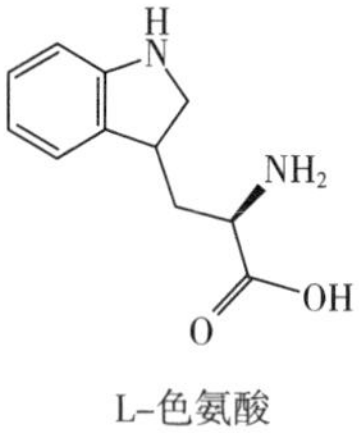

L-色氨酸
苦味

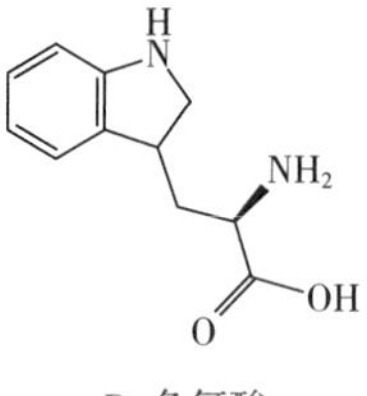

D-色氨酸
甜味

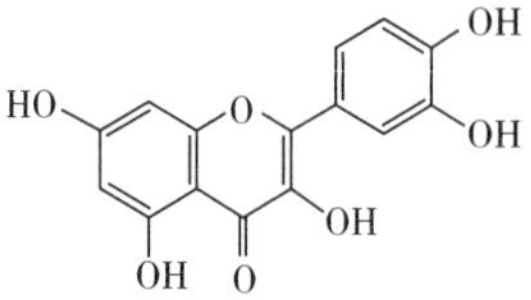

槲皮苷
涩味

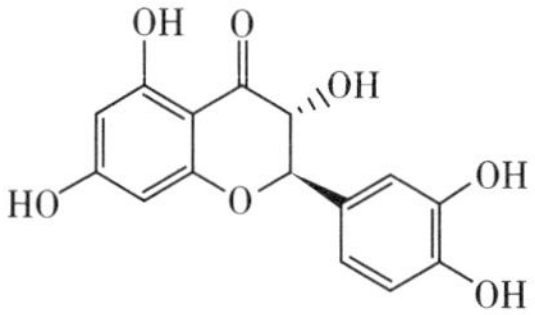

紫杉叶素
极苦

图 8-3 苦味分子受立体化学的影响

苦味物质的化学结构多种多样，但通常都来源于一种化合物——生物碱。生物碱是一类含氮的有机化合物，可以根据其基本结构进行分类。奎宁属于喹啉型生物碱，常用作软饮料（如奎宁水）的添加剂；咖啡中的咖啡因和可可豆中的可可碱则属于黄嘌呤生物碱。其他苦味物质包括苷类化合物（如柚子中的柚皮苷）、间苯三酚衍生物（如啤酒中的葎草酮）和苦味肽等（图 8-4）。苦味肽主要来源于食品发酵、老化过程或蛋白质的水解过程（如奶酪），它们通常对产品有害（如亮氨酸、异亮氨酸、苯丙氨酸等）。

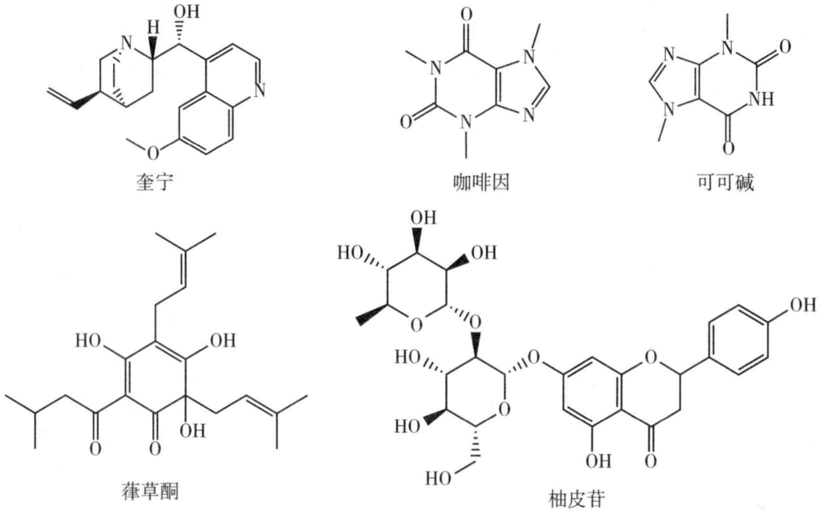

| 奎宁 | 咖啡因 | 可可碱 |

葎草酮　　　　　　　　柚皮苷

图 8-4　几种常见苦味分子的结构

咸味是盐晶体电离出的阳离子和阴离子共同作用的结果。阳离子产生咸味，阴离子改变咸味的感觉。狭义的咸味专指氯化钠（NaCl）产生的味道，氯化钠是食盐的主要成分。氯化钠在水中解离成钠离子和氯离子。在舌上，钠离子通过特定的"钠离子通道"，激发相应的神经信号，传递到大脑而被解析成咸味。氯化钠是单纯的咸味，氯化钾在咸味之外有一点苦涩的金属味。HCO_3^-（碳酸氢盐）、SO_4^{2-}（硫酸盐）、Ca^{2+} 和 Mg^{2+} 对水的味道影响较大。

酸味形成的机制和咸味形成的机制类似。有效酸度是指溶液中 H^+ 的浓度，反映的是已解离的那部分酸的浓度。食品的酸味与其本身的 pH 值无关（味道是酸的食品不一定是酸性食品）。不同的有机酸所带来的口感不同。柠檬酸给人一种"新鲜爽口"的感觉，是食品工业中最常用的酸味剂。乳酸和丙酸类似于"奶酪"的酸味，醋酸类似于"食用醋"的酸味。苹果酸具有一种"清新"的口感，而酒石酸和磷酸的口感"较硬"，酸度"较强"。

鲜味是谷氨酸盐特有的味道，是通过刺激味蕾上的氨基酸受体来感知的。味精

（MSG），5′-核糖核苷酸，特别是 5′-肌苷酸二钠（IMP）和 5′-鸟苷酸二钠（GMP），可混合使用，使食品的鲜度提高数倍（图 8-5）。味精（MSG）存在于各种天然食物中（如蔬菜、肉类、家禽、鱼类、贝类或陈年奶酪），通常与核糖核苷酸混合使用，作为零食的风味增强剂。

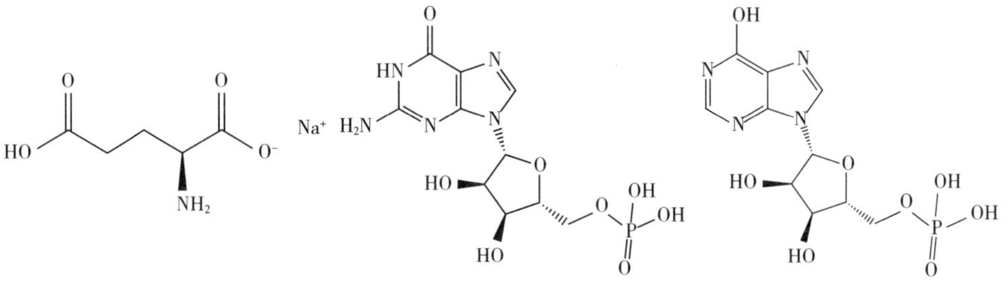

图 8-5　几种常见鲜味分子的结构

当然，也还存在许多其他味道分子，它们结构复杂，种类繁多，也都是通过感觉器官的三叉神经进行感知。这些分子也会刺激并向感觉器官传递温度、疼痛和触觉相关神经信号。其中，最主要的分子包括辣椒素（辣椒）、姜酮（生姜）、胡椒碱（胡椒）和薄荷醇（薄荷），当它们的浓度达到检测阈值时，能够引发疼痛或温度变化的信号并传递到大脑（图 8-6）。例如，薄荷醇和辣椒素与相应蛋白受体结

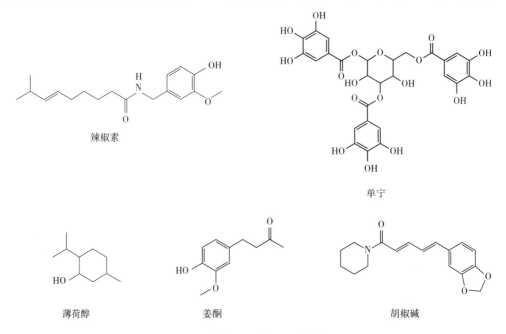

辣椒素

单宁

薄荷醇　　　　　姜酮　　　　　胡椒碱

图 8-6　刺激三叉神经的味道分子

合后，神经系统便能够感知温度变化和疼痛信号。以薄荷醇为例，如果浓度较低，只会闻到气味；当浓度达到一定值时，会产生冰凉的感觉；而当浓度较高时，会引起疼痛感。同样地，当辣椒素浓度较低时，会产生一种愉悦感；当浓度达到一定值时，会感觉到疼痛；而当浓度较高时，除了疼痛难忍，还会伴有发热出汗的现象。许多味道分子都有类似的效果，如丁香酚（丁香），肉桂醛（肉桂），桉叶油醇（桉叶油）、香芹酚（牛至）等。鞣质（酚类化合物）在口腔内产生涩味，这就是为什么在喝完茶、咖啡和葡萄酒后，嘴巴或喉咙部位会产生发干、收缩的感觉。对于涩味的感知机制，在文献中仍存争议。不过，根据目前的文献，涩味是一种类似于薄荷醇或辣椒素刺激三叉神经的感觉。最后，碳酸饮料的泡泡（富含二氧化碳）也会刺激三叉神经，从而提高风味饮品的口感。

8.3 风味物质的形成途径

风味物质可以是天然形成的、加工形成的或人工合成的（表 8-1）。天然的风味物质可以直接从植物（如接骨木花）或动物（如鱼油）中提取（见第 8.1 章节，以香草为例），或制成调味制剂。调味制剂是一种天然产品，未经高度纯化。例如，浓缩苹果汁或酵母提取物均属于调味制剂。发酵食品具有独特的风味，在大多数情况下，发酵技术难以其他技术替代。发酵食品的风味非常复杂，不同的原辅料、发酵工艺、优势菌种，会形成不同的发酵风味。发酵产生的乳酸和乙醇会形成各种各样的化合物（如双乙酰、乙醛、乙酸等），从而赋予发酵食品独特的风味特

表 8-1 食品风味物质的形成途径以及示例

形成途径		示例
天然形成		纯化的提取物（如香草香精）
		浓缩物（如桃酱）
		天然原料（如蒜泥）
加工形成	热处理	美拉德反应的产物，焦糖化反应的产物，蛋白水解物
	酶催化	发酵（微生物酶），自溶酵母提取物
	烟熏	液体烟雾或气体烟雾（直接烟熏）
人工合成		化学合成的食品或非食品物质
		前体物（如石油化工产品）

征。脂肪和油的水解产物（如水果酯类、短链和中链脂肪酸）也在发酵食品独特风味的形成中发挥了重要的作用。加工形成的风味物质主要指美拉德反应或焦糖化反应生成的产物（详见第5.3章节）。最后，还可以通过蒸馏法获取烟熏液（液体烟雾），添加到食品中，赋予食品烟熏味（如培根），或燃烧适当木材（如山核桃木），烟熏食品，使食品富含烟熏味。熏烟味的成分不仅与木材的种类有关，而且与燃烧的温度高低、木材的含水量高低等都有关系，最常见的是由复杂的酚类化合物、酸类物质、羰基化合物和焦油组成（图8-7）。烟熏食品通常被单独监管，因为烟熏食品中含有一些不安全的化学物质，需采用不同的安全标准。

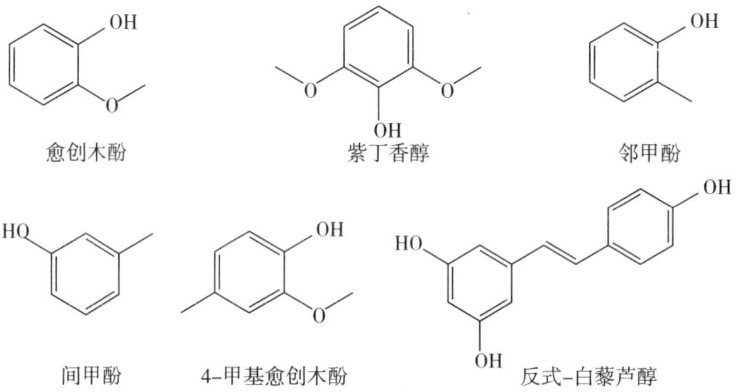

图 8-7　熏烟主要成分的分子结构

葱属植物（如洋葱、大蒜、大葱、韭菜和香葱）会产生具有刺激性味道的挥发性硫化合物。几乎所有咸味食品当中都可寻觅到葱属植物的风味物质。这些风味物质在咸味食品的制造中发挥着重要的作用，如果缺少这些风味物质，将很难做出目前极具特色的咸味食品。葱属植物产生的风味物质通常以原料（如蒜泥）或脱水粉末（如脱水洋葱粉）的形式存在于食品配方中。完整的洋葱几乎没有气味，但是，当洋葱细胞受损破裂（如切碎）时，会释放出蒜氨酸酶。蒜氨酸酶（酶）一旦接触到洋葱中的异蒜氨酸（底物），会生成亚磺酸类化合物等物质（图8-8）。另外，亚磺酸类物质会被催泪因子合成酶（LFS）催化生成顺-丙硫醛-S-氧化物。这种挥发性的气体就会刺激泪腺分泌眼泪。亚磺酸还可以自发地缩合，在自身内部发生反应，生成双硫化合物和其他有机硫化合物。有机硫化合物是洋葱强烈气味和味道的来源。大蒜与洋葱情况类似，大蒜中的蒜氨酸被蒜氨酸酶催化反应生成大蒜素。大蒜素是一种非常活泼的分子，能够自发分解生成二烯丙基硫醚、二烯丙基二硫醚等化合物。蒜氨酸酶不稳定，加热和酸处理能让蒜氨酸酶失活。所以煮熟的大蒜辣味显著下降。

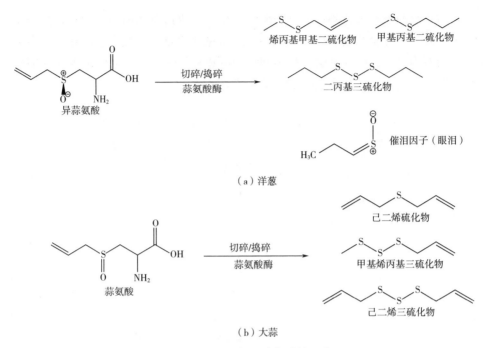

（a）洋葱

（b）大蒜

图 8-8　葱属植物风味物质的生成

硫代葡萄糖苷，简称硫苷，是广泛存在于芥菜、甘蓝及辣根等十字花科植物中的一类含硫次级代谢产物（图 8-9）。与其他生化反应类似，植物中的酶与底物在完整的植物细胞中是分开的。当植物组织受到损伤时，硫代葡萄糖苷与黑芥子酶直接接触，并使硫代葡萄糖苷水解生成具有刺激性味道的异硫氰酸酯。例如，芥末、山葵和萝卜的辣味是因为含有异硫氰酸盐，而不是辣椒中的辣椒素。

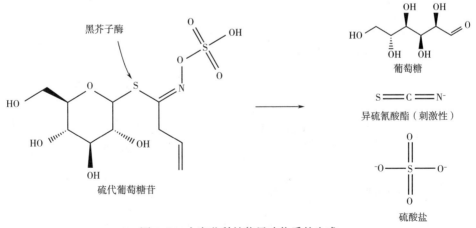

图 8-9　十字花科植物风味物质的生成

脂肪氧合酶能够催化不饱和脂肪酸的氧化,生成短链脂肪酸,导致食品产生异味(图8-10)。在植物食品中,亚油酸是最常见的底物。脂氧合酶的存在是食品品质劣化的原因之一,因为它会产生不理想的风味和气味,导致某些色素(如胡萝卜素和叶绿素)的流失,以及必需脂肪酸的破坏。

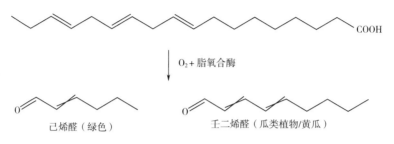

图8-10 脂氧合酶产生异味的途径

萜烯类化合物是由异戊二烯为单元连接成的一类化合物的总称(图7-6),它们广泛存在于高等植物中。萜类化合物是同系萜烯化合物的衍生物(可以是醇、醛、酮等)(图8-11)。萜烯类化合物和萜类化合物是挥发性油的主要组成成分。萜烯类化合物具有较强香气,有助于在不同产品中产生香味和风味。此外,萜烯类化合物和萜类化合物也是精油的主要组成成分,它们能够产生许多草药和香料的特

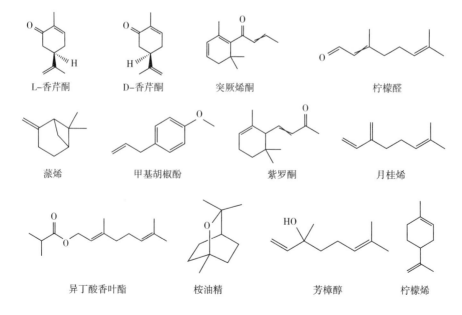

图8-11 食物中常见的萜烯类化合物和萜类化合物的结构

有风味。例如，柠檬烯是甜橙、苦橙、柑橘、香橙等精油的主要成分，其他萜烯类化合物的种类和数量会导致不同植物（如橙子、柠檬或葡萄柚）中萃取的精油具有不同的香味。萜烯类化合物对光、热、氧极为敏感，易被氧化、易挥发。因此，对于含有萜烯类化合物的食品，其加工工艺和食品包装设计应有利于食品风味物质的保存，尽量减少或避免风味损失。

蛋白质不完全水解得到的产物是各种大小不等的肽段和各种氨基酸的混合物。这些水解产物的名称还说明了蛋白质的来源，例如"水解小麦面筋""水解大豆蛋白"或"自溶酵母提取物"。它们是在热和酸或酶的作用下生成的蛋白质水解产物，通常用于咸味零食中，赋予食品很重的咸味。

8.4　食品风味的释放

食物的成分和微观结构决定了其风味物质的释放途径和感知方式。因此，在设计食品风味释放途径时，必须将它们两者考虑在内。通常有三种方法将风味物质添加到食品中。①直接添加。直接将风味物质添加到食品中，不需额外操作。例如，由于风味物质具有良好的溶解性，可以先将其溶解到植物油或动物脂肪、水、乙醇或甘油中，然后添加到食品中；②添加阿拉伯胶、改性淀粉等物质。例如在软饮浓缩汁的生产中，添加阿拉伯胶或改性淀粉可以乳化、分散、稳定香精油（如橙油），避免在储存期间香精油上浮；③进行包封。通过干燥技术（如喷雾干燥）使风味物质脱水，得到干粉形式的组合物，然后选用多糖类物质（如麦芽糊精或改性淀粉）、蛋白质或脂类物质等包封材料进行包封。与乳化不同，包封的风味物质以干粉形式存在，而乳化的风味物质以自由分子的形式（液相）存在。此外，风味物质也可以直接以干粉形式存在（如酱粉）。包封可以保护风味物质免受食品中其他成分和周围环境条件的影响（如热、湿和酸等，这些环境条件会导致风味物质发生降解）。

食品风味应该有控制地释放，应该避免在咀嚼开始时口味过重，而在咀嚼过程中却索然无味。这个过程称为风味物质的释放，或者说风味成分以特定的速度从食品的结构中释放出来。必要时，还需要将香味包封，从而长时间保持食品的稳定性和恒定风味。对于某些食品，需要长时间咀嚼（如口香糖）。以口香糖为例，高端品牌的口香糖在咬下第一口后，会长时间（甚至长达数小时）持续释放薄荷醇。而对于低端品牌的口香糖，在咀嚼 5min 后，便会失去味道。对于某些液体饮料或零食，还会对食品的余味进行控制，即吞咽后，口中还会残留余味。对于大部分食品而言，延长余味残留的时间比延长风味释放的时间更重要，因为固体食品在口腔停留的时间通常不到一分钟，而液体食品停留的时间更短。因此，将风味物质包封，当包封材料在口腔降解后，才会释放风味。包封材料（如多糖类物质）可以与口腔组织相互作用，并在吞咽食品后持续释放食品风味。这便是风味小吃（如鸡肉味薯片或奶酪味饼干）的特点，即使是食用了一小块，口中余味也可能会持续较长时间。

包封

包封指将活性成分（如风味物质、维生素或药物）包封在载体材料（称为壁材）中。壁材和活性分子通过分子间非共价相互作用力（如氢键作用力、离子力、疏水作用力或其组合）形成超分子复合物。超分子复合物形成微米级（微胶囊）或纳米级（纳米胶囊）大小的颗粒。适用于食品包封的壁材包括糖类化合物、蛋白质或脂类化合物。目前，包封已广泛应用于食品加工中，它不仅可以提高食品的营养价值，减少防腐剂的使用剂量，还能提高食品的感官特性。例如，包封能够提高敏感化合物（如维生素或药物）在生产、储存、摄入期间的稳定性，减少挥发性风味物质的蒸发和降解，掩盖某些不理想的味道（如多酚化合物的涩味）或使不饱和脂肪酸免受氧气、水或光的影响。

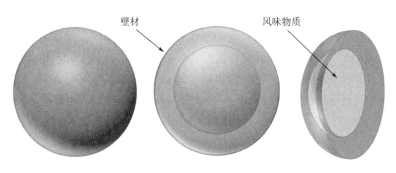

风味物质的包封颗粒

上图从左至右依次为完整的包封颗粒，透明状包封颗粒，包封颗粒剖面图

8.5 风味物质的相互作用和稳定性

食品风味受食品成分的影响，因为风味分子会与食品中的其他成分相互作用。相比结晶糖类（如糖晶体），无定形糖类（如硬糖）的相互作用表面积更大，挥发

性风味物质会与多糖类物质发生不同程度的结合。例如，挥发性风味物质可以储存在直链淀粉的螺旋结构中，因为直链淀粉的螺旋链内表面具有一定的疏水性，可以与疏水基团相互作用。直链淀粉含量较低的淀粉（如直链淀粉含量约为17%的木薯淀粉）和仅由支链淀粉组成的蜡质淀粉与风味物质的结合能力较弱，而直链淀粉含量较高的食物（如马铃薯或玉米）与风味物质之间具有较强的结合力。此外，风味物质与天然蛋白质和变性蛋白质之间可以形成强烈的结合。蛋白质可通过疏水作用与醛和酮结合，而醇可通过疏水作用和氢键结合。大多数情况下，这种结合是可逆的，所以在咀嚼过程中风味物质能够得到释放。脂肪结合风味物质的能力比油脂要低，结合风味物质的数量则取决于脂肪酸链的长短和脂肪酸的饱和程度。含有长链脂肪酸的甘油三酯的结合能力较弱，不饱和脂肪酸的结合能力较强。

风味物质在技术方面存在的问题必须得到解决，这样才能确保食品的品质和保质期。此外，风味物质还存在稳定性的问题，尤其是在存在氧气和光照的情况下，因为它们很容易发生氧化作用，导致食品的味道发生变化。例如，某些塑料包装材料的渗透性较高，氧气容易渗透到食品中或小分子的风味物质容易逸出，从而导致食品在储存期间味道发生变化、挥发性物质（如醛或酮）逸出，或风味物质发生物理分离（如油分离）。此外，风味物质还可能与食品中的其他成分发生反应（如美拉德反应），导致风味浓度降低，甚至是食品风味特征发生变化。例如，在食品加工过程中（如热处理或真空包装），风味物质可能会发生蒸发逸出。所以，食品的最终风味是上述所有因素的综合，还会涉及成本因素和市场因素（如是天然风味物质还是人工合成风味物质）。因此，了解食品成分和风味物质分子之间的相互作用能够优化原有食品配方、延长食品保质期。

8.6　课后练习

8.6.1　选择题

1. 甜味分子中包含：

（a）一个弱碱基团，一个负电基团和一个疏水基团

（b）一个弱酸基团、一个负电基团和一个疏水基团

（c）一个弱酸基团、一个羟基基团和一个疏水基团

（d）一个弱酸基团、一个羟基基团和一个氨基基团

2. 苦味分子中包含：

（a）一个极性基团和一个非极性基团

（b）一个极性基团和两个非极性基团

(c) 两个极性基团和两个非极性基团

(d) 两个非极性基团

3. 苦味物质的化学结构多种多样，主要包括：

（a）生物碱、糖苷类化合物和苦味肽

（b）糖苷类化合物、酮类化合物和酸类化合物

（c）生物碱、氨基酸和醛类化合物

（d）苦味肽、酸类化合物和黄嘌呤化合物

4. 洋葱中的蒜氨酸酶能够催化：

（a）异蒜氨酸生成亚磺酸类化合物

（b）蒜氨酸生成亚磺酸类化合物

（c）异大蒜素生成亚磺酸类化合物

（d）大蒜素生成亚磺酸类化合物

5. 黑芥子酶能够催化以下哪种植物中的风味物质：

（a）葱属植物

（b）十字花科植物

（c）葱属植物和十字花科植物

（d）肉豆蔻，并将肉豆蔻酸转化为带气味的醛类物质

6. 立体化学（即 D-、L-构型）影响风味物质的味道。这句话：

（a）正确

（b）错误

7. 精油主要包括柠檬烯、蒎烯和月桂烯等化合物，组成比例不同，香味也不同。这句话：

（a）正确

（b）错误

8. 烟熏风味物质的主要成分包括：

（a）酚类化合物

（b）醛类化合物

（c）萜烯类化合物

（d）蒎烯类化合物

9. 奎宁具有：

（a）甜味

（b）咸味

（c）苦味

（d）鲜味

10. 5′-鸟苷酸二钠（GMP）具有：

（a）甜味

（b）咸味

（c）苦味

（d）鲜味

8.6.2 简答题-深入阅读

1. 在线阅读：在线搜索甜味剂奇异果甜蛋白、甜菊糖苷，三氯蔗糖和纽甜素。比较它们的结构，并标出 AH⁺，B⁻和 γ 区。

2. 在线阅读：在线搜索风味微囊技术的原理以及其在食品行业中的应用。

3. 讨论糖类化合物、蛋白质和脂类化合物与风味物质的相互作用。

4. 讨论风味物质化学和物理稳定性的相关问题。

5. 食品中含有"酵母提取物"和"麦芽提取物"。这些物质在食品配方中的作用是什么？它们是如何生产的？尝起来是什么味道？

6. 画出柠檬烯、α-蒎烯、柠檬醛、香叶醇和芳樟醇的结构。萜烯类化合物和萜类化合物的区别是什么？上述物质中，哪些是萜烯类化合物，哪些是萜类化合物？标出柠檬醛、香叶醇和芳樟醇中的异戊二烯链。你能数出多少个异戊二烯单位？

7. 延伸阅读：阅读文章 *Masking Bitter Taste by Molecules*（《分子掩盖苦味》）（2008）；作者：Ley，J. P.；*Chemosensory Perception*（《化学感受感知》），1（1），58-77 页。

• 苦味可以采用"叠合味道""络合剂"和"低分子量物质"进行掩盖。列出各种掩盖苦味方法中使用的化合物。

8. 延伸阅读：阅读文章 *Applications of spray-drying in microencapsulation of food ingredients：An overview*（《喷雾干燥技术在食品成分微胶囊化中的应用：综述》）（2007）；作者：Gharsallaoui，A.，Roudaut，G.，Chambin，O.，Voilley，A.，& Saurel，R.；*Food Research International*（《国际食品研究》），40（9），1107-1121 页。

• 描述包封食品成分的三个基本步骤。

• 最常用的食品包封壁材是什么？分别举例说明。

• 列出五个采用喷雾干燥技术包封食品成分的例子。

8.6.3 填空题

1. 甜味分子必须具备恰当的＿＿＿＿＿＿和＿＿＿＿＿＿，这样才能与味觉受体相互作用。

2. 奎宁属于_____生物碱，而咖啡因属于_____生物碱。

3. 味精，5′–肌苷酸二钠和和5′–鸟苷酸二钠具有_____味。

4. 辛辣、凉苦涩能够刺激_____神经。

5. 烟熏液（液体烟雾）通过_____法获取。

6. 如果缺少来自_____植物的风味物质，将很难做出目前极具特色的咸味食品。

7. _____是广泛存在于芥菜、甘蓝及辣根等十字花科植物中的一类含硫次级代谢产物。

8. _____能够催化不饱和脂肪酸的氧化，生成短链脂肪酸，导致食品产生异味。

9. _____和_____是精油的主要组成成分。

10. 萜烯类化合物对光、热、氧极为敏感，易_____、易_____。

课后练习答案

第1章 水

选择题：1. （d）；2. （c）；3. （d）；4. （b）；5. （a）；6. （b）；7. （c）；8. （a）；9. （c）；10. （a）

填空题：1. 极性，极性；2. 氢键；3. 疏水；4. 渗透；5. 强度；6. 0. 5，0. 8；7. 流动性，最长；8. 增加，9. 玻璃化转变；10. 塑化、增塑剂。

第2章 糖类

选择题-单糖：1. （d）；2. （a）；3. （a）；4. （a）；5. （b）；6. （c）；7. （b）；8. （a）；9. （a）；10. （b）

选择题-多糖：1. （a）；2. （c）；3. （a）；4. （d）；5. （a）；6. （a）；7. （b）；8. （c）；9. （c）；10. （c）

填空题：1. 四，C＊；2. 对映异构体，镜像；3. 半缩醛；4. 下方，上方；5. 椅式，船式；6. 糖醛酸；7. 还原糖；8. 线性，分支；9. 形成，稳定；10. A 型淀粉颗粒，B 型淀粉颗粒；11. 物理化学，酶，功能特性；12. 直链淀粉，支链淀粉，重结晶；13. 100，0；14. 卡拉胶；15. 半乳糖醛酸聚糖，鼠李半乳糖醛酸聚糖-I；16. 高酯果胶，低酯果胶；17. 风味；18. 低；19. 壳多糖；20. 半纤维素

第3章 蛋白质-酶

选择题-蛋白质：1. （a）；2. （b）；3. （b）；4. （b）；5. （c）；6. （a）；7. （a）；8. （c）；9. （b）；10. （a）

选择题-酶：1. （a）；2. （b）；3. （c）；4. （d）；5. （a）；6. （b）；7. （c）；8. （d）；9. （a）；10. （a）

填空题：1. 必须；2. 零，pH 值；3. 半胱氨酸，胱氨酸；4. 二硫键；5. 碳-氮；6. 茚三酮；7. 豆球蛋白，豌豆球蛋白；8. 折叠，三维结构；9. 纤维状结构，球状结构；10. 物，化学；11. 疏水作用；12. 感胶离子序列易溶物；13. 油滴，保护层；14. 活化能；15. 特异性；16. 同工酶；17. 金属酶；18. 低；19. 酶的大类；20. 内切酶；21. 氨基肽酶，羧基肽酶；22. 酚类；23. 谷氨酰胺转氨酶；24. 脱苦

第4章 脂类

选择题：1. （b）；2. （b）；3. （d）；4. （a）；5. （d）；6. （c）；7. （a）；

8.（a）；9.（a）；10.（a）

填空题：1. 长度，饱和程度；2. 双键；3. 顺式；4. 单；5. 位置分布；6. 植物甾醇；7. 自动氧化，光敏氧化，酶促氧化；8. 氢过氧化物（ROOH）；9. α 晶型 $<\beta'$ 晶型 $<\beta$ 晶型；10. 晶型转变；11. 回火；12. 固体脂肪含量；13. 催化剂；酶制剂

第5章　褐变反应

选择题：1.（a）；2.（b）；3.（c）；4.（b）；5.（d）；6.（a）；7.（a）；8.（c）；9.（a）；10.（b）

填空题：1. 二元酚氧化酶；2. 甲壳；3. 维生素 C，亚硫酸盐；4. 高温加热；5. 糠醛，麦芽醇；6. 氨化合物，亚硫酸盐；7. 酮胺；8. 氨基酸，Strecker；9. 类黑素；黑色素；10. 天门冬酰胺

第6章　维生素和矿物质

选择题：1.（a）；2.（a）；3.（a）；4.（b）；5.（d）；6.（c）；7.（a）；8.（a）；9.（d）；10.（a）

填空题：1. 脱水；2. 维生素 D；3. 维生素 B_1；4. 酸性，高温；5. 浓缩；6. 水溶性；7. 螯合物；8. 植；9. 多酚，鞣质；10. 生物利用率

第7章　食品的颜色

选择题：1.（a）；2.（a）；3.（a）；4.（b）；5.（b）；6.（a）；7.（b）；8.（a）；9.（b）；10.（a）

填空题：1. 奎宁；2. 角质层；3. 血红素，氧化状态；4. 红褐色；5. 粉红色；6. 镁离子，脱镁叶绿素，焦脱镁叶绿素；7. 异戊二烯，共轭；8. 反式，顺式；9. 花青素；10. 蓝色/紫色；11. 甜菜红素；12. 偶氮

第8章　食品的风味

选择题：1.（b）；2.（a）；3.（a）；4.（a）；5.（b）；6.（a）；7.（b）；8.（a）；9.（c）；10.（d）

填空题：1. 分子几何形状，电子排布；2. 喹啉型，黄嘌呤；3. 鲜；4. 三叉；5. 蒸馏；6. 葱属；7. 硫代葡萄糖苷；8. 脂氧合酶；9. 萜烯类化合物，萜类化合物；10. 被氧化；挥发

参考文献

［1］ Ahmed J（2017）Glass Transition and Phase Transitions in Food and Biological Materials. John Wiley & Sons, Chichester, UK.

［2］ Barbosa-Cánovas GV, Fontana AJ, Schmidt SJ, Labuza TP（2020）Water Activity in Foods: Fundamentals and Applications. Wiley.

［3］ Belitz HD, Grosch W, Schieberle P（2009）Food chemistry. 4th edn. Springer, Berlin.

［4］ BeMiller JN, Whistler RL（2009）Starch: Chemistry and Technology. ISSN. Elsevier Science.

［5］ Brady WJ（2013）Introductory food chemistry. Cornell University Press, New York.

［6］ Casimir CA（2017）Food Lipids: Chemistry, Nutrition, and Biotechnology. 4th edn. CRC Press, Boca Raton.

［7］ Coultate TP（2016）Food: the chemistry of its components. Food, the chemistry of its components, 6th edition. edn. Royal Society of Chemistry, Cambridge, UK.

［8］ Coupland J（2014）An Introduction to the Physical Chemistry of Food. Food Science Text Series. Springer-Verlag, New York.

［9］ Cui SW（2005）Food Carbohydrates: Chemistry, Physical Properties, and Applications. CRC Press.

［10］ Damodaran S, Parkin KL（2017）Fennema's Food Chemistry 5th edn. CRC Press.

［11］ DeMan JM, Finley JW, Hurst WJ, Lee CY（2018）Principles of food chemistry. 4th edn. Springer, Switzerland.

［12］ Emerton V（2008）Food colours. Leatherhead Pub. Blackwell Pub., Surrey, UK: Oxford, UK.

［13］ Guichard E, Salles C, Morzel M, Le Bon A-M（2017）Flavour: From Food to Perception. John, Wiley & Sons, Chichester, UK.

［14］ Melton LD, Shahidi F, Varelis P（2019）Encyclopedia of food chemistry. Elsevier, Amsterdam, Netherlands.

［15］ Parisi S, Ameen SM, Montalto S, Santangelo A（2019）Maillard reaction in foods: mitigationstrategies and positive properties. Springer, Cham.

［16］ Phillips OG, Williams AP（2011）Handbook of Food Proteins. Woodhead Publishing, Oxford, UK.

[17] Phillips OG, Williams AP（eds）（2020）Handbook of Hydrocolloids. 3rd edn. Elsevier.

[18] Socaciu C（2008）Food colorants：chemical and functional properties. CRC Press, Boca Raton.

[19] Tuvikene R（2021）Chapter 25 – Carrageenans. In：Phillips GO, Williams PA（eds）Handbook of Hydrocolloids（Third Edition）. Woodhead Publishing, pp 767–804.

[20] Velíšek J, Koplik R, Cejpek K（2020）The chemistry of food. 2nd edn. Wiley Blackwell, Chichester, UK.

[21] Voilley Ae, Etivéant P（2006）Flavour in food. CRC Press Woodhead Publishing, Boca Raton, FL：Cambridge, England.

[22] Wang D（2012）Food chemistry. Nova Science Publishers, Hauppauge, N. Y.

[23] Whitaker JR, Voragen AGJ, Wong DWS（2003）Handbook of food enzymology. Marcel Dekker, New York.

[24] Wong DWS（2018）Mechanism and theory in food chemistry. 2nd edn. Springer, Cham, Switzerland.

[25] Zeece M（2020）Introduction to the chemistry of food. Academic Press, London.

[26] Azeredo HMC（2009）Betalains：properties, sources, applications, and stability–a review.

[27] International Journal of Food Science & Technology 44（12）：2365–2376. doi：https://doi. org/10. 1111/j. 1365–2621. 2007. 01668. x.

[28] Barden L, Decker EA（2016）Lipid Oxidation in Low–moisture Food：A Review. Critical Reviews in Food Science and Nutrition 56（15）：2467–2482. doi：https://doi. org/10. 1080/1040839 8. 2013. 848833.

[29] Barriuso B, Astiasarán I, Ansorena D（2013）A review of analytical methods measuring lipid oxidation status in foods：a challenging task. European Food Research and Technology 236（1）：1–15. doi：https://doi. org/10. 1007/s00217–012–1866–9.

[30] Boye J, Zare F, Pletch A（2010）Pulse proteins：Processing, characterization, functional properties and applications in food and feed. Food Research International 43（2）：414–431. doi：https://doi. org/10. 1016/j. foodres. 2009. 09. 003.

[31] Cao L, Lu W, Mata A, Nishinari K, Fang Y（2020）Egg–box model–based gelation of alginate and pectin：A review. Carbohydrate Polymers 242：116389. doi：https://doi. org/10. 1016/j. carbpol. 2020. 116389.

［32］ Capuano E, Fogliano V (2011) Acrylamide and 5-hydroxymethylfurfural (HMF): A review on metabolism, toxicity, occurrence in food and mitigation strategies. LWT-Food Science and Technology 44 (4): 793-810. doi: https: //doi. org/ 10. 1016/j. lwt. 2010. 11. 002.

［33］ Carocho M, Barreiro MF, Morales P, Ferreira ICFR (2014) Adding Molecules to Food, Pros and Cons: A Review on Synthetic and Natural Food Additives. Comprehensive Reviews in Food Science and Food Safety 13 (4): 377-399. doi: https: //doi. org/10. 1111/1541-4337. 12065.

［34］ Carocho M, Morales P, Ferreira ICFR (2017) Sweeteners as food additives in the XXI century: A review of what is known, and what is to come. Food and Chemical Toxicology 107: 302-317. doi: https: //doi. org/10. 1016/j. fct. 2017. 06. 046.

［35］ Cavalcanti RN, Santos DT, Meireles MAA (2011) Non-thermal stabilization mechanisms of anthocyanins in model and food systems—An overview. Food Research International 44 (2): 499-509. doi: https: //doi. org/10. 1016/j. foodres. 2010. 12. 007.

［36］ Chang C, Wu G, Zhang H, Jin Q, Wang X (2020) Deep-fried flavor: characteristics, formationmechanisms, and influencing factors. Critical Reviews in Food Science and Nutrition 60 (9): 1496-1514. doi: https: //doi. org/10. 1080/ 10408398. 2019. 1575792.

［37］ Chen B, McClements DJ, Decker EA (2011) Minor Components in Food Oils: A Critical Review of their Roles on Lipid Oxidation Chemistry in Bulk Oils and Emulsions. Critical Reviews in Food Science and Nutrition 51 (10): 901-916. doi: https: //doi. org/10. 1080/10408398. 2011. 606379.

［38］ Choe E, Min DB (2006) Mechanisms and Factors for Edible Oil Oxidation. Comprehensive Reviews in Food Science and Food Safety 5 (4): 169-186. doi: https: //doi. org/10. 1111/j. 1541-4337. 2006. 00009. x.

［39］ Day L (2013) Proteins from land plants-Potential resources for human nutrition and food security. Trends in Food Science & Technology 32 (1): 25-42. doi: https: //doi. org/10. 1016/j. tifs. 2013. 05. 005.

［40］ de Oliveira FC, Coimbra JSdR, de Oliveira EB, Zuñiga ADG, Rojas EEG (2016) Food Protein-polysaccharide.

［41］ Conjugates Obtained via the Maillard Reaction: A Review. Critical Reviews in Food Science and Nutrition 56 (7): 1108-1125. doi: https: //doi. org/10. 1080/

10408398. 2012. 755669.

[42] Dickinson E (2003) Hydrocolloids at interfaces and the influence on the properties of dispersed systems. Food Hydrocolloids 17 (1): 25-39. doi: http: //dx. doi. org/10. 1016/S0268-005X (01) 00120-5.

[43] Dickinson E (2018) Hydrocolloids acting as emulsifying agents-How do they do it? Food Hydrocolloids 78: 2-14. doi: j. foodhyd. 2017. 01. 025.

[44] Elleuch M, Bedigian D, Roiseux O, Besbes S, Blecker C, Attia H (2011) Dietary fibre and fibre-rich by-products of food processing: Characterisation, technological functionality and commercial applications: A review. Food Chemistry 124 (2): 411-421. doi: https: //doi. org/10. 1016/j. foodchem. 2010. 06. 077.

[45] Fang Z, Bhandari B (2010) Encapsulation of polyphenols-a review. Trends in Food Science & Technology 21 (10): 510-523. doi: https: //doi. org/10. 1016/j. tifs. 2010. 08. 003.

[46] Fathi M, Martín Á, McClements DJ (2014) Nanoencapsulation of food ingredients using carbohydrate based delivery systems. Trends in Food Science & Technology 39 (1): 18-39. doi: https: // doi. org/10. 1016/j. tifs. 2014. 06. 007.

[47] Finley JW, Kong A-N, Hintze KJ, Jeffery EH, Ji LL, Lei XG (2011) Antioxidants in Foods: Stateof the Science Important to the Food Industry. Journal of Agricultural and Food Chemistry 59 (13): 6837 - 6846. doi: https: //doi. org/10. 1021/jf2013875.

[48] Foegeding EA (2006) Food Biophysics of Protein Gels: A Challenge of Nano and Macroscopic Proportions. Food Biophysics 1 (1): 41-50. doi: https: //doi. org/ 10. 1007/s11483-005-9003-y.

[49] Foegeding EA, Davis JP (2011) Food protein functionality: A comprehensive approach. Food Hydrocolloids 25 (8): 1853 - 1864. doi: https: //doi. org/10. 1016/j. foodhyd. 2011. 05. 008.

[50] Fuentes-Zaragoza E, Riquelme-Navarrete MJ, Sánchez-Zapata E, Pérez-Álvarez JA (2010) Resistant starch as functional ingredient: A review. Food Research International 43 (4): 931 - 942. doi: https: //doi. org/10. 1016/j. foodres. 2010. 02. 004.

[51] Gharsallaoui A, Roudaut G, Chambin O, Voilley A, Saurel R (2007) Applications of spray-drying in microencapsulation of food ingredients: An overview. Food Research International 40 (9): 1107 - 1121. doi: https: //doi. org/10. 1016/j. foodres. 2007. 07. 004.

[52] Gómez-Guillén MC, Giménez B, López-Caballero ME, Montero MP (2011) Functional and bioactiveproperties of collagen and gelatin from alternative sources: A review. Food Hydrocolloids 25 (8): 1813-1827. doi: https: //doi. org/10. 1016/ j. foodhyd. 2011. 02. 007.

[53] Gouin S (2004) Microencapsulation: industrial appraisal of existing technologies and trends. Trends in Food Science & Technology 15 (7): 330-347. doi: https: //doi. org/10. 1016/j. tifs. 2003. 10. 005.

[54] Huff Lonergan E, Zhang W, Lonergan SM (2010) Biochemistry of postmortem muscle-Lessons on mechanisms of meat tenderization. Meat Science 86 (1): 184-195. doi: https: //doi. org/10. 1016/j. meatsci. 2010. 05. 004.

[55] Hunt JR (2003) Bioavailability of iron, zinc, and other trace minerals from vegetarian diets. The American Journal of Clinical Nutrition 78 (3): 633S-639S. doi: https: //doi. org/10. 1093/ ajcn/78. 3. 633S.

[56] Khan MI (2016) Stabilization of betalains: A review. Food Chemistry 197: 1280-1285. doi: https: // doi. org/10. 1016/j. foodchem. 2015. 11. 043.

[57] Kiani H, Sun D-W (2011) Water crystallization and its importance to freezing of foods: A review. Trends in Food Science & Technology 22 (8): 407-426. doi: https: //doi. org/10. 1016/j. tifs. 2011. 04. 011.

[58] Kumar V, Sinha AK, Makkar HPS, Becker K (2010) Dietary roles of phytate and phytase in human nutrition: A review. Food Chemistry 120 (4): 945-959. doi: https: //doi. org/10. 1016/j. foodchem. 2009. 11. 052.

[59] Lam RSH, Nickerson MT (2013) Food proteins: A review on their emulsifying properties using a structure-function approach. Food Chemistry 141 (2): 975-984. doi: https: //doi. org/10. 1016/j. foodchem. 2013. 04. 038.

[60] Leopoldini M, Russo N, Toscano M (2011) The molecular basis of working mechanism of natural polyphenolic antioxidants. Food Chemistry 125 (2): 288-306. doi: https: //doi. org/10. 1016/j. foodchem. 2010. 08. 012.

[61] Ley JP (2008) Masking Bitter Taste by Molecules. Chemosensory Perception 1 (1): 58-77. doi: https: //doi. org/10. 1007/s12078-008-9008-2.

[62] Lineback DR, Coughlin JR, Stadler RH (2012) Acrylamide in Foods: A Review of the Scienceand Future Considerations. Annual Review of Food Science and Technology 3 (1): 15-35. doi: https: //doi. org/10. 1146/annurev-food-022811-101114.

[63] Lucey JA (2002) Formation and Physical Properties of Milk Protein Gels. Journal of

Dairy Science 85 (2): 281-294. doi: https://doi.org/10. 3168/jds. S0022-0302 (02) 74078-2.

[64] Lund MN, Ray CA (2017) Control of Maillard Reactions in Foods: Strategies and Chemical Mechanisms. Journal of Agricultural and Food Chemistry 65 (23): 4537-4552. doi: https://doi.org/10. 1021/acs. jafc. 7b00882.

[65] Marangoni AG, Acevedo N, Maleky F, Co E, Peyronel F, Mazzanti G, Quinn B, Pink D (2012) Structure and functionality of edible fats. Soft Matter 8 (5): 1275-1300. doi: https://doi.org/10. 1039/C1SM06234D.

[66] Marangoni AG, van Duynhoven JPM, Acevedo NC, Nicholson RA, Patel AR (2020) Advances in our understanding of the structure and functionality of edible fats and fat mimetics. Soft Matter 16 (2): 289-306. doi: https://doi.org/10. 1039/C9SM01704F.

[67] Marcus Y (2009) Effect of Ions on the Structure of Water: Structure Making and Breaking. Chemical Reviews 109 (3): 1346-1370. doi: https://doi.org/10. 1021/cr8003828.

[68] McClements DJ (2004) Protein-stabilized emulsions. Current Opinion in Colloid & Interface Science 9 (5): 305-313. doi: https://doi.org/10. 1016/j. cocis. 2004. 09. 003.

[69] McClements DJ, Rao J (2011) Food-Grade Nanoemulsions: Formulation, Fabrication, Properties, Performance, Biological Fate, and Potential Toxicity. Critical Reviews in Food Science and Nutrition 51 (4): 285-330. doi: https://doi.org/10. 1080/10408398. 2011. 559558.

[70] Ngamwonglumlert L, Devahastin S, Chiewchan N (2017) Natural colorants: Pigment stability and extraction yield enhancement via utilization of appropriate pretreatment and extraction methods. Critical Reviews in Food Science and Nutrition 57 (15): 3243-3259. doi: https://doi.org/1 0. 1080/10408398. 2015. 1109498.

[71] Nishinari K, Fang Y, Guo S, Phillips GO (2014) Soy proteins: A review on composition, aggregation and emulsification. Food Hydrocolloids 39: 301-318. doi: https://doi.org/10. 1016/j. foodhyd. 2014. 01. 013.

[72] Pathare PB, Opara UL, Al-Said FA-J (2013) Colour Measurement and Analysis in Fresh and Processed Foods: A Review. Food and Bioprocess Technology 6 (1): 36-60. doi: https://doi.org/10. 1007/s11947-012-0867-9.

[73] Patras A, Brunton NP, O'Donnell C, Tiwari BK (2010) Effect of thermal process-

ing on anthocyaninstability in foods; mechanisms and kinetics of degradation. Trends in Food Science & Technology 21 (1): 3-11. doi: https: //doi. org/10. 1016/ j. tifs. 2009: 07. 004.

[74] Pérez S, Bertoft E (2010) The molecular structures of starch components and their contribution tothe architecture of starch granules: A comprehensive review. Starch-Stärke 62 (8): 389-420. doi: https: //doi. org/10. 1002/star. 201000013.

[75] Post MJ (2012) Cultured meat from stem cells: Challenges and prospects. Meat Science 92 (3): 297-301. doi: https: //doi. org/10. 1016/j. meatsci. 2012. 04. 008.

[76] Purlis E (2010) Browning development in bakery products-A review. Journal of Food Engineering, 99 (3): 239-249. doi: https: //doi. org/10. 1016/j. jfoodeng. 2010. 03. 008.

[77] Roos YH (2010) Glass Transition Temperature and Its Relevance in Food Processing. Annual Review of Food Science and Technology 1 (1): 469-496. doi: https: //doi. org/10. 1146/annurev. food. 102308. 124139.

[78] Saha D, Bhattacharya S (2010) Hydrocolloids as thickening and gelling agents in food: a critical review. J Food Sci Technol 47 (6): 587-597. doi: https: //doi. org/10. 1007/s13197-010-0162-6.

[79] Saini RK, Nile SH, Park SW (2015) Carotenoids from fruits and vegetables: Chemistry, analysis, occurrence, bioavailability and biological activities. Food Research International 76: 735-750. doi: https: //doi. org/10. 1016/j. foodres. 2015. 07. 047.

[80] Schmid A, Walther B (2013) Natural Vitamin D Content in Animal Products. Advances in Nutrition 4 (4): 453-462. doi: https: //doi. org/10. 3945/an. 113. 003780.

[81] Singh A, Auzanneau FI, Rogers MA (2017) Advances in edible oleogel technologies-A decade in review. Food Research International 97: 307-317. doi: https: //doi. org/10. 1016/j. foodres. 2017. 04. 022.

[82] Stintzing FC, Carle R (2004) Functional properties of anthocyanins and betalains in plants, food, and in human nutrition. Trends in Food Science & Technology 15 (1): 19-38. doi: https: //doi. org/10. 1016/j. tifs. 2003. 07. 004.

[83] Totosaus A, Montejano JG, Salazar JA, Guerrero I (2002) A review of physical and chemical protein-gel induction. International Journal of Food Science & Technology 37 (6): 589-601. doi: https: //doi. org/10. 1046/j. 1365-2621. 2002.

00623. x.

[84] Turek C, Stintzing FC (2013) Stability of Essential Oils: A Review. Comprehensive Reviews in Food Science and Food Safety 12 (1): 40−53. doi: https: //doi. org/10. 1111/1541−4337. 12006.

[85] van Boekel M, Fogliano V, Pellegrini N, Stanton C, Scholz G, Lalljie S, Somoza V, Knorr D, Jasti PR, Eisenbrand G (2010) A review on the beneficial aspects of food processing. Molecular Nutrition & Food Research 54 (9): 1215−1247. doi: https: //doi. org/10. 1002/mnfr. 200900608 Varela P, Fiszman SM (2011) Hydrocolloids in fried foods. A review. Food Hydrocolloids 25 (8): 1801−1812. doi: https: //doi. org/10. 1016/j. foodhyd. 2011. 01. 016.

[86] Ventura Alison K, Worobey J (2013) Early Influences on the Development of Food Preferences. Current Biology 23 (9): R401−R408. doi: https: //doi. org/10. 1016/j. cub. 2013. 02. 037.

[87] Wang FC, Gravelle AJ, Blake AI, Marangoni AG (2016) Novel trans fat replacement strategies. Current Opinion in Food Science 7: 27−34. doi: https: //doi. org/10. 1016/j. cofs. 2015. 08. 006.

[88] Wang H−Y, Qian H, Yao W−R (2011) Melanoidins produced by the Maillard reaction: Structure and biological activity. Food Chemistry 128 (3): 573−584. doi: https: //doi. org/10. 1016/j. foodchem. 2011. 03. 075.

[89] Waraho T, McClements DJ, Decker EA (2011) Mechanisms of lipid oxidation in food dispersions. Trends in Food Science & Technology 22 (1): 3−13. doi: https: //doi. org/10. 1016/j. tifs. 2010. 11. 003.

[90] Yoruk R, Marshall MR (2003) Physicochemical properties and function of plant polyphenol oxidase: a review. Journal of Food Biochemistry 27 (5): 361−422. doi: https: //doi. org/10. 1111/j. 1745−4514. 2003. tb00289. x.